AutoCAD2018
机械制图实用教程

AutoCAD2018 JIXIE ZHITU SHIYONG JIAOCHENG

主 编 王 艳
副主编 高红旺 易延辅

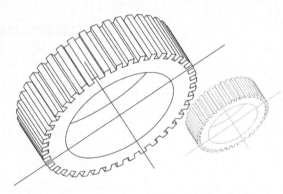

重庆大学出版社

图书在版编目(CIP)数据

AutoCAD 2018 机械制图实用教程 / 王艳主编. --
重庆:重庆大学出版社,2019.8(2023.1 重印)
ISBN 978-7-5689-1359-1

Ⅰ.①A… Ⅱ.①王… Ⅲ.①机械制图—AutoCAD 软件
—教材 Ⅳ.①TH126

中国版本图书馆 CIP 数据核字(2019)第 169726 号

AutoCAD 2018 机械制图实用教程
主 编 王 艳
副主编 高红旺 易延辅
策划编辑:鲁 黎
责任编辑:鲁 黎 版式设计:鲁 黎
责任校对:张红梅 责任印制:张 策
*
重庆大学出版社出版发行
出版人:饶帮华
社址:重庆市沙坪坝区大学城西路 21 号
邮编:401331
电话:(023)88617190 88617185(中小学)
传真:(023)88617186 88617166
网址:http://www.cqup.com.cn
邮箱:fxk@ cqup.com.cn(营销中心)
全国新华书店经销
POD:重庆市圣立印刷有限公司
*
开本:787mm×1092mm 1/16 印张:19.25 字数:458 千
2019 年 8 月第 1 版 2023 年 1 月第 5 次印刷
ISBN 978-7-5689-1359-1 定价:39.80 元

前　言

计算机技术与工程设计的结合,产生了极具生命力的新兴交叉技术——CAD 技术。AutoCAD 是由美国 Autodesk 公司于 20 世纪 80 年代初为计算机应用 CAD 技术而开发的绘图软件包。经过不断的完善,它已经成为强有力的绘图工具,被广泛应用于航空航天、机械、电子、化工、轻纺等领域。

机械制图是工科相关专业中一门重要的专业基础课程,掌握应用 AutoCAD 软件的学生是十分必要的。本书以 AutoCAD 2018 中文版为基础,使用最新的国家制图规范绘图的中心思想,介绍了工程图的设置、基本图形的绘制与编辑方法,械零件图与装配图的绘制方法,并且对相关问题及图形的输出方法进行了深入浅出的介绍。本书实用性强,特别强调实例教学为主要教学手段。该教材不仅可作为工科院校相关专业的教材,也可供从事相关专业的工作人员作参考用书。

本书作者长期从事 AutoCAD 的教学及应用工作,对 AutoCAD 有着较为深刻的了解和丰富的教学经验。本书的编写突出了以下特点:

(1)内容基础,具有代表性。本书结合机械行业制图的需要和标准而编写,实例内容典型,指导性强,激发学生的学习兴趣和动手欲望。

(2)详略得当,便于把握知识。本书在内容分布上遵循由浅入深、循序渐进的原则,注重基本概念的介绍,使学生能够更好、更快地了解和掌握必修的内容。

(3)每章均安排了实例讲解。结合本章内容以及 AutoCAD 软件的实际应用,加强学生对本章知识难点和重点的理解与实际应用。

(4)每章后安排了适量的习题。习题贴近课程内容,方便学生巩固所学的知识,检验学习效果。

(5)附录中节选了部分全国计算机信息高新技术考试:计算机辅助设计模块(AutoCAD 平台)考试辅导样题实例,为学生的实验课程提供了训练素材。

本书由湖南工业职业技术学院王艳主编,张家界航空工业职业技术学院高红旺、湖南工业职业技术学院易延辅任副主编。其中,第 1 章、第 4 章、第 6 章、第 7 章由王艳编写,第 2

章、第 3 章由高红旺编写,第 5 章、第 8 章由易延辅编写。本书在编写过程中,得到了许多同行的帮助与支持,在此向他们表示真诚的谢意!

由于编者水平有限,加之时间仓促,书中难免存在疏漏之处,敬请广大读者批评指正!

编　者

2019 年 1 月

目　录

入门篇

提高篇

≪入门篇≫

《人门篇》

第1章　基础知识和基本操作

AutoCAD 2018 是 AutoCAD 系列软件的较新版本，与之前的版本相比，在性能和功能方面都有较大的提升，并能与低版本兼容。

1.1　基础知识

1.1.1　启动和退出

AutoCAD 2018 的启动方式有以下三种：

①双击启动图标；

②菜单"开始"→"程序"→"Autodesk"→"AutoCAD 2018. Simplified Chinese"→"AutoCAD 2018"；

③直接双击已保存在计算机内的 AutoCAD 图形文件图标。

AutoCAD 2018 的退出方式有以下三种：

①命令："Quit"或者"Exit"命令后按下回车键。

②菜单："文件"→"退出"。

③单击右上角的"关闭" ▆▆X▆ 按钮。

1.1.2　经典界面介绍

AutoCAD 2018 启动后，其经典界面如图 1.1 所示。

1）标题栏

标题栏显示软件的名称（Autodesk AutoCAD 2018），后面是当前打开的文件名称，在其右侧有三个按钮 ▆▆□X▆ ，其功能与 Windows 应用程序相同。

图 1.1　AutoCAD 2018 的经典界面

2）下拉菜单栏

"下拉菜单栏"提供了 AutoCAD 2018 绝大多数的命令和功能，单击即可打开下拉菜单。

3）工具栏

初始界面上显示的工具栏位于绘图区的上方，分别是"绘图"工具栏、"修改"工具栏、"注释"工具栏、"图层"工具栏、"块"工具栏、"特性"工具栏、"组"工具栏、"实用工具"工具栏、"剪贴板"工具栏和"视图"工具栏。

工具栏的调用方法有三种：

①命令："Toolbar"命令，并按回车键，可调出"自定义"对话框，如图 1.2 所示；

②菜单："视图"→"工具栏"。

③将光标箭头停留在任意一个工具栏上，单击鼠标右键→显示面板→在弹出的菜单上通过"选择"命令显示或关闭相应的工具栏。

4）绘图窗口、模型空间与布局空间

绘图区也称视图窗口，视图窗口的右侧和下侧有滚动条，其左下有三个标签："模型""布局1""布局2"。模型空间和布局空间（图纸空间）的区别在于：前者是针对图形实体的空间，后者是针对图纸布局的空间。模型空间和布局空间的切换可通过绘图区的切换标签实现。

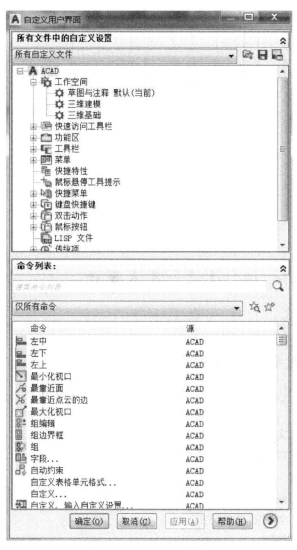

图 1.2　"自定义"对话框

5）命令提示窗口

命令提示窗口可显示用户用键盘输入的命令，所输入的命令与菜单、工具栏操作等效。

6）状态栏

状态栏的左侧显示当前十字光标所处的三维坐标，其右侧显示 AutoCAD 2018 绘图辅助工具（显示图形栅格、捕捉模式、推断约束、动态输入、正交限制光标、极轴追踪、等轴测草图、对象捕捉追踪、对象捕捉、线宽、透明度、选择循环、三维对象捕捉、动态 UCS、过滤对象选择、显示小控件、显示注释对象、当前视图的注释比例等）的开关状态。如图 1.3 所示。当按钮呈凹下状时，其状态显示模式打开；若按钮呈凸起状时，则其状态显示模式关闭。用户可通过状态栏的按钮切换来打开相应的辅助功能。

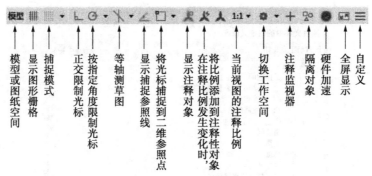

图 1.3　状态栏上的绘图辅助工具

1.2　基本操作

1.2.1　常用功能键与快捷键的定义

①AutoCAD 2018 中提供了一些常用功能键,具体定义如下所示:

F1:获取帮助

F2:实现作图窗和文本窗口的切换

F3:控制是否实现对象自动捕捉

F4:数字化仪控制

F5:等轴测平面切换

F6:控制状态行上坐标的显示方式

F7:栅格显示模式控制

F8:正交模式控制

F9:栅格捕捉模式控制

F10:极轴模式控制

F11:对象追踪模式控制

②绘图过程中常用的 Ctrl 快捷键,具体定义如下所示:

Ctrl+B:栅格捕捉模式控制(F9)

Ctrl+C:将选择的对象复制到剪切板上

Ctrl+F:控制是否实现对象自动捕捉(F3)

Ctrl+G:栅格显示模式控制(F7)

Ctrl+J:重复执行上一步命令

Ctrl+L:正交模式控制(F8)

Ctrl+N:新建图形文件

Ctrl+M：打开选项对话框

Ctrl+O：打开图像文件

Ctrl+P：打开打印对话框

Ctrl+S：保存文件

Ctrl+U：极轴模式控制（F10）

Ctrl+V：粘贴剪贴板上的内容

Ctrl+W：对象追踪模式控制（F11）

Ctrl+X：剪切所选择的内容

Ctrl+Y：重做

Ctrl+Z：取消前一步的操作

Ctrl+1：打开特性对话框

Ctrl+2：打开图像资源管理器

Ctrl+6：打开图像数据原子

③鼠标功能键定义为：左键——选择对象执行命令、右键——确认（等效于回车键）、滚轮——放大缩小功能。

1.2.2　命令输入与终止方式

命令输入的方式有三种：

①在功能区上单击代表相应命令的工具按钮。

②从下拉菜单中执行命令。

③在命令提示输入区中用键盘输入命令。

命令终止的方式有三种：

①命令正常执行完毕后自动终止。

②在命令执行过程中按 Esc 或 Enter 键终止。

③从菜单或功能区上调用另一个非透明命令时，当前正在执行的命令将自动终止。

1.2.3　命令的重复与撤消

在 AutoCAD 2018 运行过程中，往往需要重复执行某项命令。命令的重复方式有三种：

①单击空格或回车键，可重复执行上次命令。

②在绘图区域单击鼠标右键，在快捷菜单中选择以前曾用过的命令。

③在命令窗口或文本窗口单击鼠标右键，出现快捷菜单→"近期使用的命令"，从中选择需要的命令，按回车键执行。

在使用 AutoCAD 2018 绘图的过程中，难免有错误操作，要撤销错误的操作，可以使用"放弃"命令。运行"放弃"命令有四种方式：

①标准工具栏："放弃" ↩ 按钮。

②菜单："编辑"→"放弃"，可反复单击多次。

③命令："U"，可以放弃上一项的操作。

④命令："Undo",可以放弃指定数目的操作。

命令:undo ↵

当前设置:自动=开,控制=全部,合并=是

输入要放弃的操作数目或[自动(A)/控制(C)/开始(BE)/结束(E)/标记(M)/后退(B)] <1>:

此时可以通过键盘输入需要放弃的操作数目。可见,如果要放弃前面的多项操作,在命令行中输入"Undo"命令比输入"U"命令效率要高。

1.2.4　透明命令

透明命令是指在不中断当前命令的情况下被执行的命令。即,在一般命令执行过程中调用透明命令,不会终止当前命令的执行,当该透明命令使用结束后,会重新回到一般命令的执行过程中。

常用的透明命令有"Zoom""Pan""Snap""Ortho""Grid""Help"等,在键盘上输入透明命令时,要在透明命令前加"'"。

1.2.5　坐标输入方式

1)绝对直角坐标

绝对直角坐标即通常所说的笛卡儿坐标系,其坐标原点在图纸左下角,在 WCS 系统下,用 (x,y,z) 表示。在 xoy 平面上,因 $z=0$,通常可直接写为 (x,y),如图1.4所示。

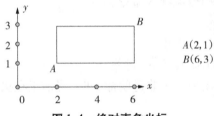

图1.4　绝对直角坐标

2)绝对极坐标

绝对极坐标在 WCS 下,为确定某一点的位置,用该点相对于原点的距离 L_1 和原点与该点的连线与 x 轴正方向的夹角 Φ 来表示,写为 $(L<\Phi)$,如图1.5所示。

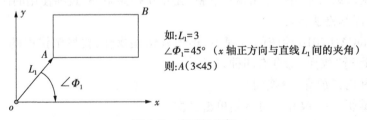

图1.5　绝对极坐标

3）相对直角坐标

相对直角坐标是指相对于前一点的坐标，即相对于前一点在 x 方向及 y 方向的位移，其表示方式是在绝对直角坐标的前面加@这个符号，写为（@x,y），如图1.6所示。

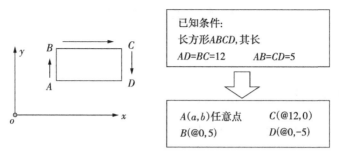

已知条件：
长方形 $ABCD$，其长
$AD=BC=12$　　$AB=CD=5$

$A(a,b)$任意点　　C(@12,0)
B(@0,5)　　　　D(@0,−5)

图1.6　相对直角坐标

4）相对极坐标

相对极坐标是指相对于前一点的坐标，即相对于前一点的距离 L 和两点的连线与 x 轴的夹角Φ确定，其表示方式是在绝对极坐标的前面加@这个符号，写为（@L<Φ），如图1.7所示。

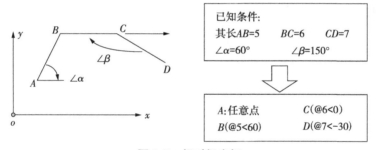

已知条件：
其长$AB=5$　　$BC=6$　　$CD=7$
$\angle\alpha=60°$　　　$\angle\beta=150°$

A:任意点　　　C(@6<0)
B(@5<60)　　　D(@7<−30)

图1.7　相对极坐标

1.2.6　视图的缩放

单击鼠标右键，选择快捷菜单中的"缩放（Z）" 按钮，AutoCAD 2018进入实时缩放状态。当游标变成放大镜 的形状时，按住鼠标左键向上拖动游标，则放大视图；按住鼠标左键向下拖动游标，游标变成放大镜 的形状则缩小视图。退出实时缩放状态有三种方法：

①按 Esc 键。

②按 Enter 键。

③单击鼠标右键打开快捷菜单选择"退出"。

1.2.7　视图的平移

单击鼠标右键，选择快捷菜单中的"平移" 按钮或输入"Pan"命令，AutoCAD 2018进入实时平移状态。当游标变成手的形状时，按住鼠标左键并拖动游标，即可以移动视图。退出实时平移状态的方法与退出实时缩放状态的方法相同。

1.3 文件操作

1.3.1 新建图形文件

AutoCAD 2018 中提供了新建文件的四种途径:

①菜单:"文件"→"新建"。

②单击快速访问工具栏的"新建" 按钮。

③命令:在命令行输入"New"命令并按下回车键。

④快捷方式:Ctrl+N。

当执行"新建"命令后,将弹出"选择样板"对话框,如图 1.8 所示。该对话框中列出了许多用于创建新图形的样板文件,缺省设置的样板文件是"acadiso.dwt",单击"打开"按钮,即可绘制新图形。

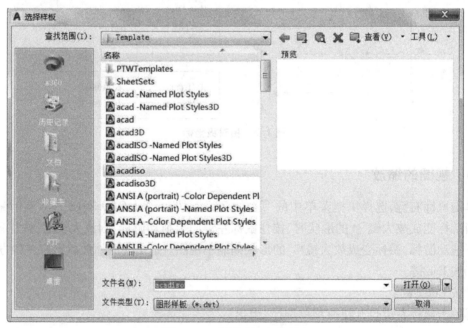

图 1.8 "选择样板"对话框

1.3.2 打开已有图形文件

打开已有图形文件有四种方式:

①菜单:"文件"→"打开"。

②单击快速访问工具栏的"打开" 📂 按钮。

③命令:在命令行输入"Open"命令并按下回车键。

④快捷方式:Ctrl+O。

1.3.3　保存与关闭图形文件

1)保存图形

绘制图形时应该不定时保存文件,其方式有三种:

(1)快速保存

快速保存图形文件,有四种方法:

①菜单:"文件"→"保存"。

②单击快速访问工具栏的"保存" 🖫 按钮。

③命令:在命令行输入"Qsave"命令并按下回车键。

④快捷方式:Ctrl+S。

如果当前图形已经保存并命名,AutoCAD 2018 会自动保存上一次保存后所作的修改并重新显示命令提示。如果当前图形是首次保存,显示"图形另存为"对话框,如图 1.9 所示。在"图形另存为"对话框中的"文件名"下,输入新建图形的名字(不需要文件后缀);在"文件类型"下,选择保存文件的类型。

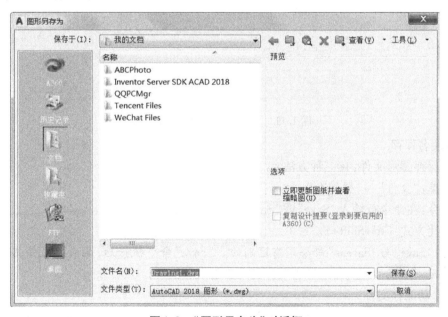

图 1.9　"图形另存为"对话框

注意:如果在高版本 AutoCAD 中创建的图形文件需要在低版本 AutoCAD 中打开,则应在"文件类型"下拉列表中选择低版本的格式。

（2）加密保存

在设置"图形另存为"对话框时，还可以对图形文件进行加密处理。其具体操作是：在"图形另存为"对话框中的"工具"下拉列表中选择"数字签名"，单击"确定"按钮，如图 1.10 所示。在"数字签名"框中选择数字 ID(D)(证书)，单击"确定"按钮，如图 1.11 所示，完成图形文件的加密设置。

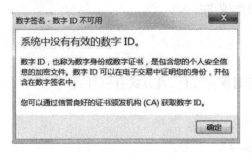

图 1.10　"数字签名"对话框（一）

图 1.11　"数字签名"对话框（二）

（3）换名保存

换名保存图形文件，有三种方法：

①菜单："文件"→"另保存"。

②命令：在命令行输入"Save"或"Saveas"命令并按下回车键。

③快捷方式：Ctrl+Shift+S。

注意："Save"与"Saveas"命令是有区别的。"Save"命令执行后，原来的文件仍为当前文件，而"Saveas"命令执行后，另存的文件变为当前文件。

（4）自动保存文件

为了避免突然断电或意外情况造成数据丢失，建议用户让系统每间隔一定的时间，就自动地保存一次图形文件。其间隔时间的设定可以通过给系统变量"SAVETIME"赋值（单位为分钟）来实现。

```
命令:savetime ↵
输入 SAVETIME 的新值<10>:5          //设定保存间隔时间为 5 min
```

2)关闭图形

单击要关闭的图形使其成为活动图形,从"文件"菜单中选择"关闭",也可以单击图形右上角的"关闭" ✕ 按钮。在关闭图形文件之前,一定要保存文件,如果没有存盘,系统将弹出警告信息框,如图 1.12 所示。若选择"是",则存盘;若选择"否",则放弃修改;选择"取消",则回到 AutoCAD 2018 绘图环境。

图 1.12　警告信息框

1.4　绘图环境的初步设置

1.4.1　设置绘图单位与图形界限

图形绘制的所有对象都是根据单位进行测量的,绘图前应该先确定 AutoCAD 2018 的度量单位。设置图形单位格式的步骤如下:

(1)打开"图形单位"对话框

打开"图形单位"对话框有两种方式:

①菜单:"格式"→"单位",弹出"图形单位"对话框,如图 1.13 所示。

②命令:在命令行输入"Units"命令并按下回车键。

(2)在"图形单位"对话框中设置图形的单位

修改单位设置时,AutoCAD 2018 将在"输出样例"下显示样例。在"长度"选项区域中选择单位类型和精度;在"插入比例"选项区域中选择一个单位,AutoCAD 2018 将使用这个单位对插入到图形中的块或其他内容进行缩放,如果不想让 AutoCAD 2018 对插入的内容进行缩放,则选择"无单位";在"角度"下选择角度类型和精度;要指定角度测量方向,选择"方向",单击 方向(D)... 按钮,然后在"方向控制"对话框中选择基准角度,角度方向将控制 AutoCAD 2018 测量角度的起点和测量方向,如图 1.14 所示。缺省设置是图形正右侧为 0 度,逆时针方向为正,顺时针方向为负。

图 1.13　"图形单位"对话框　　　　　　　**图 1.14　"方向控制"对话框**

（3）单击"确定"按钮，退出所有对话框。

注意：设置图形单位不能自动设置标注单位。

图形界限是绘图的范围，相当于手工绘图时的图纸大小。设定合适的绘图界限，有利于确定图形绘制的大小、比例、视图的间距，有助于检查图形是否超出"图框"。

设置图形界限的方法有两种：

①菜单："格式"→"图形界限"。

②在命令行中输入"Limits"命令并按下回车键。

命令："Limits"。

命令:Limits ↵　　　　　　　　　　　　　//回车。
指定左下角点或[开(ON)/关(OFF)]<0,0>:↵　　//回车
指定右上角点<421,297>:297,210 ↵　　　//根据绘图需要的图幅输入相应的坐标值
命令:Zoom ↵　　　　　　　　　　　　　//立即执行缩放命令
[全部(A)/中心(C)/动态(D)/范围(E)/上一个(P)/比例(S)/窗口(W)/对象(O)]<
实时>:A ↵　　　　　　　　　　　　　　//使整个绘图区域显示在屏幕上

1.4.2　绘图设置

1)"捕捉和栅格"选项卡

在绘制图形时，可以通过移动光标来指定点的位置，但却很难精确指定点的某一位置。在 AutoCAD 2018 中，使用"捕捉"和"栅格"功能，可以对点实施精确定位，提高绘图效率。

"捕捉"功能用于设定鼠标光标移动的间距。"栅格"功能显示一些标定位置的小点，发

挥坐标纸的作用,提供直观的距离和位置参照。

打开或关闭"捕捉"功能有四种方法:

①在命令行中输入"Snap"命令并按回车键。

②菜单:"工具"→"绘图设置"→,打开"草图设置"对话框,在"捕捉和栅格"选项卡中选中或取消"启用捕捉"复选框。

③状态栏:"捕捉"按钮。

④快捷方式:F9。

打开或关闭"栅格"功能有三种方法:

①在命令行中输入"Grid"命令并按回车键。

②菜单:"工具"→"绘图设置"→,打开"草图设置"对话框,在"捕捉和栅格"选项卡中选中或取消"启用栅格"复选框。

③快捷方式:F7

利用"草图设置"对话框中的"捕捉和栅格"选项卡,可以设置"捕捉"和"栅格"的相关参数,如图 1.15 所示。

图 1.15 "草图设置"对话框

各选项的功能如下:

"启用捕捉"复选框:打开或关闭"捕捉"。选中该复选框,启用"捕捉"。

"捕捉"选项组:设置"捕捉"间距、"捕捉"角度以及"捕捉"基点坐标。

"启用栅格"复选框:打开或关闭"栅格"。选中该复选框,启用"栅格"。

"栅格"选项组:设置"栅格"间距。如果"栅格"的 x 轴和 y 轴间距值为 0,则"栅格"采用捕捉 x 轴和 y 轴间距的值。

"捕捉类型"选项组:设置"捕捉"的类型和样式,包括"栅格捕捉"和"极轴捕捉"两种。

"栅格行为"选项组:设置"视觉样式"下栅格线的显示样式(三维线框除外)。

2)"极轴追踪"选项卡

在 AutoCAD 2018 中,"自动追踪"可按指定角度绘制对象,或者绘制与其他对象有特定关系的对象。"自动追踪"功能分"极轴追踪"和"对象捕捉追踪"两种,是非常有用的辅助绘图工具。

"极轴追踪"是按事先给定的角度增量来追踪特征点,而"对象捕捉追踪"则按与对象的某种特定关系来追踪。换言之,如果事先知道要追踪的方向(角度),则使用"极轴追踪";如果事先不知道具体的追踪方向(角度),但知道与其他对象的某种关系(如相交),则使用"对象捕捉追踪"。"极轴追踪"和"对象捕捉追踪"可以同时使用。

在"对象捕捉"工具栏中,有两个非常有用的对象捕捉工具,即"临时追踪点"和"捕捉自"。"临时追踪点",可在一次操作中创建多条追踪线,并根据这些追踪线确定所要定位的点;在使用相对坐标指定下一个应用点时,"捕捉自"可以提示输入基点,并将该点作为临时参照点,这与通过输入前缀@使用最后一个点作为参照点类似。它不是"对象捕捉模式",但经常与"对象捕捉"一起使用。

使用"自动追踪"功能可以快速而且精确地定位点,在很大程度上提高绘图效率。在 AutoCAD 2018 中设置"自动追踪"功能选项,可打开"工具"菜单中的"选项"对话框,在"绘图"选项卡的"自动追踪设置"选项组中进行设置,如图 1.16 所示。

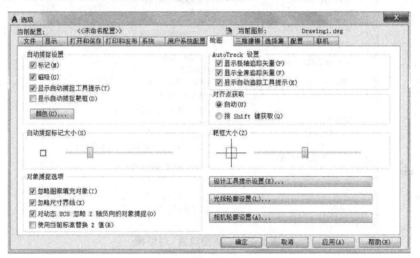

图 1.16　"选项"对话框中的"绘图"选项卡

各选项的功能如下:

"显示极轴追踪矢量"复选框:设置是否显示极轴追踪的矢量数据。

"显示全屏追踪矢量"复选框:设置是否显示全屏追踪的矢量数据。

"显示自动追踪工具栏提示"复选框:设置在追踪特征点时是否显示工具栏上的相应按钮的提示文字。

3)"对象捕捉"选项卡

在绘图过程中,经常要指定一些对象上已有的点,例如两个对象的交点、端点和圆心等。

在 AutoCAD 2018 中,可以通过"对象捕捉"工具栏和"绘图设置"对话框等方式调用"对象捕捉"功能,迅速、准确地捕捉到某些特殊点,从而精确地绘制图形。

(1)"对象捕捉"功能卡

在绘图过程中,当要求指定某些点时,单击"对象捕捉"工具栏中相应的特征点按钮,如图 1.17 所示,再把光标移到要捕捉对象上的特征点附近,即可捕捉到相应的对象特征点。

图 1.17 "对象捕捉"工具栏

(2)"对象捕捉模式"

自动捕捉是指当把光标放在某个对象上时,系统会自动捕捉到该对象上所有符合条件的几何特征点,并显示相应的标记。打开"对象捕捉模式"后,在"绘图设置"对话框的"对象捕捉"选项卡中,选中"启用对象捕捉"复选框,然后在"对象捕捉模式"选项组中选中相应复选项。

如果把光标放在捕捉点上多停留一会,系统会显示捕捉的提示。该操作可在选点之前预览和确认捕捉点。

(3)"对象捕捉"快捷菜单

当要求指定点时,按下 Shift 键或者 Ctrl 键同时右击,打开对象捕捉快捷菜单。选择需要的子命令,把光标移到要捕捉对象的特征点附近,即可捕捉到相应对象的特征点。

4)"启用动态输入"

在 AutoCAD 2018 中,使用"动态输入"功能可以在指针位置处显示标注输入和命令提示等信息,从而极大地方便绘图。点击"工具"→"绘图设置"→"草图设置"对话框的"动态输入"选项卡,如图 1.18 所示。在该选项卡上可以对是否启用"指针输入""标注输入"和"显示动态"进行设置。

图 1.18 "动态输入"选项卡

（1）"启用指针输入"

在"草图设置"对话框的"动态输入"选项卡中，选中"启用指针输入"复选框。在"指针输入"选项中单击"设置"按钮，在"指针输入设置"对话框中设置指针的格式和可见性，如图1.19所示。

图1.19 "指针输入设置"对话框

（2）"启用标注输入"

在"草图设置"对话框的"动态输入"选项卡中，选中"可能时启用标注输入"复选框可以启用"标注输入"功能。在"标注输入"选项组中单击"设置"按钮，在"标注输入的设置"对话框中设置标注的可见性，如图1.20所示。

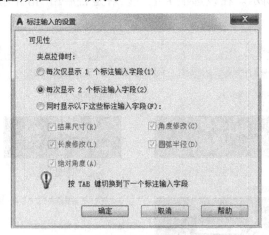

图1.20 "标注输入的设置"对话框

（3）"显示动态提示"

在"绘图设置"对话框的"动态输入"选项卡中，选中"动态提示"选项组中的"在十字光标附近显示命令提示和命令输入"复选框，可以在光标附近显示命令提示。

1.4.3　设置图层

1）图层的概念

AutoCAD 2018 中的"图层"是一个管理图形对象的工具,等特效于手工绘图所使用的透明纸,可以使图形、图像看起来像是由许多张透明的图纸重叠而成的。用户可以使用图层来管理不同类型的信息,例如图形的几何对象、文字、标注等。以某机械图来说,用户可以把图形图像划分为剖面线、虚线、中心线、轮廓线、标注尺寸、技术要求等图层,从而方便图形的管理。

2）"图层特性管理器"的使用

复杂的绘图过程中,通常都会通过操作图层来对图形进行编辑。要对图层进行操作,离不开"图层特性管理器"对话框,调用该对话框有三种方法:

①单击"图层"工具栏上的"图层特性管理器"🔳图标。

②在命令行上输入命令"Layer"并按回车键。

③菜单:"格式"→"图层"。

打开后的"图层特性管理器"对话框如图 1.21 所示。

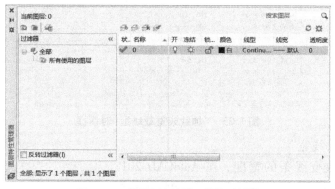

图 1.21　"图层特性管理器"对话框

利用"图层特性管理器"可以对图层的特性进行设置。图层的特性包括图层的名称、可见性、颜色、线型、线宽、打印样式名、是否打印或者是否在当前视口或新视口中被冻结等。

（1）设置"图层线型"

设定图层的线型之后,如果在"线型控制"下拉列表中显示"ByLayer",则所有的对象的线型都将与"图层线型"一致,"图层线型"一经修改,相关对象的线型也随之改变。"图层线型"的设置方法是:打开"图层特性管理器"对话框,然后单击"线型"图标,弹出"选择线型"对话框。如图 1.22 所示。在"选择线型"对话框中选择一种线型,单击"确定"按钮,关闭"选择线型"对话框,完成设置。

图 1.22 "选择线型"对话框

　　如果在"选择线型"对话框中没有找到所需要的线型,用户可以单击"加载"按钮,弹出"加载或重载线型"对话框,如图 1.23 所示,在可用线型中选择所需线型,然后单击"确定"按钮,回到"选择线型"对话框,选择所加载的线型,再次单击"确定"按钮。在"图层特性管理器"对话框中,可以同时选择几个图层后再点击线型图标,该操作所设置的图层线型将是这几个图层共同的线型。

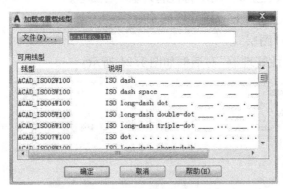

图 1.23 "加载或重载线型"对话框

　　(2)设置"图层线宽"

　　设置线宽即改变线条的宽度。在 AutoCAD 2018 中,不同宽度的线条可表现对象的大小或类型,从而提高图形的表达能力和可读性。设置图层线宽,可以在"图层特性管理器"对话框的"线宽"列中单击该图层对应的线宽图标,打开"线宽"对话框,该对话框中有 20 多种线宽可供选择,如图 1.24 所示。

　　线宽显示的设置方法为:在"格式"菜单中选择"线宽"命令,打开"线宽设置"对话框,通过调整线宽比例,使图形中的线宽显示出来,如图 1.25 所示。

图 1.24 "线宽"对话框

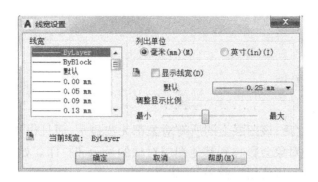

图 1.25　"线宽设置"对话框

（3）设置"图层颜色"

颜色在图形中具有非常重要的作用，可表示不同的组件、功能和区域。图层的颜色就是图层中图形对象的颜色。每个图层都拥有自己的颜色，对不同的图层可以设置相同或不同的颜色，便于区分图形的各部分。当新建一个图层时，该图层的颜色是默认的，即图层0的颜色或者选定图层的颜色。要改变图层的颜色，可在"图层特性管理器"对话框中单击图层的"颜色"列对应图层的图标，打开"选择颜色"对话框。

图层的颜色设置方法为：打开"图层特性管理器"对话框，单击要改变颜色的图层的颜色图标，弹出"选择颜色"对话框，如图 1.26 所示。随后在"选择颜色"对话框中，单击要选择的颜色，或者在"颜色"对话框中输入一个标准颜色名，再单击"确定"按钮，关闭"选择颜色"对话框。

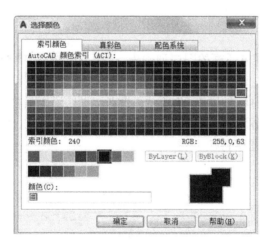

图 1.26　"选择颜色"对话框

注意：①如果在"对象特性"工具栏中的"颜色控制"下拉列表中选择具体的颜色，则所有新对象都显示为该颜色，绘制的实体颜色与图层中设置的颜色不一定相符；②如果在"对象特性"工具栏中的"颜色控制"下拉列表中显示"ByLaryer"，则所有新对象都显示为它所在图层的颜色，建议绘图时在"颜色控制"下拉列表中选择为"ByLaryer"。

1.4.4　图层管理

1）"图层特性"设置

（1）图层的开/关

在关闭某个图层之后，该图层上的所有对象都无法显示，而且也不能打印输出，但是可以绘图，但该图层上的对象会影响到其他图层对象的显示和打印。如果需要使图层在可见或不可见状态之间切换，可使用"开/关"设置。

（2）图层的冻结/解冻

被冻结图层上的对象不能显示，也不能打印，与关闭图层的性质相似。用户不能在被冻结的图层上绘图，被冻结图层上的对象不影响其他图层上对象的显示和打印。冻结图层可以加快"Zoom""Pan"等许多操作的运行速度，增强对象选择的性能并减少复杂图形的重新生成时间，长时间不使用的图层可将其冻结。冻结图层被解冻后，AutoCAD 2018 将重新生成并显示该图层上的对象。

（3）图层的锁定/解锁

被锁定图层上的对象是可见的且可以打印的，但是不能被编辑，可以通过锁定图层来防止指定图层上的对象被选中或修改，以免意外地编辑特定对象。图层被锁定后仍然可以进行其他操作，例如，将被锁定图层作为当前图层，为其添加对象，即可在该图层上进行绘图。

2）当前层设置

在"图层特性管理器"对话框的图层列表中，选择某图层后，单击"置为当前"按钮，即可将该层设置为当前层。在实际绘图时，为了便于操作，常常通过"图层"工具栏和"特性"工具栏来实现图层之间的切换，如图 1.27 所示。此外，"图层"工具栏和"特性"工具栏中的主要选项与"图层特性管理器"对话框中的内容相对应，因此也可以使用"图层"工具栏和"特性"工具栏来设置与管理图层特性。

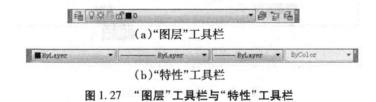

（a）"图层"工具栏

（b）"特性"工具栏

图 1.27　"图层"工具栏与"特性"工具栏

3）改变对象所在图层

在实际绘图中，如果绘制完某图形元素后，发现该图形元素并未绘制在预先设置的图层上，可选中该图形元素，在弹出的对话框中，点击"图层"下拉列表框中选择预设图层名，如图 1.28 所示，这样对象所在图层就可改变到所选图层上了。

图1.28 改变所选对象的图层

4)改变对象的默认属性

一般情况下,在图层中绘图是按照建立图层时设置的参数值进行的,即"对象特征"工具栏中的"颜色""线型"和"线宽"三个列表框中都为"随层"。根据需要,可以为图层上的某个对象指定不同于"随层"的颜色、线型和线宽。在重新调整图层的设置时,只要不是"随层"的参数值,其参数值就不会随着设置的改变而改变。在某图层中设置颜色、线型和线宽后,其后的图形绘制均按这些设置值进行,直至再次改变设置。

1.4.5 控制非连续线型外观

在绘制图形时,经常会使用中心线、虚线等非连续线型。非连续线型是由短横线和间隙等构成的重复图案,图案中短线长度、间隙大小由线型比例控制。在绘图过程中往往出现所画的虚线和点划线显示为连续线的情况,其主要原因是线型比例因子设置得太大或太小。

在 AutoCAD 2018 中,修改全局线型比例因子有三种方法:

①选择"格式"菜单下的"线型"命令,打开"线型管理器"对话框,如图1.29所示。

图1.29 "线型管理器"对话框

②打开"特性"工具栏上"线型控制"下拉列表,选择"其他"选项,从而打开"线型管理器"对话框,如图1.30所示。

图 1.30　"线型控制"下拉列表

③在命令行直接输入"Linetype"命令,打开"线型管理器"对话框,通过修改"线型管理器"对话框中"全局比例因子"和"当前对象缩放比例"来修改非连续线型的外观(即疏密程度)。

修改线型外观有两种方法:

①通过全局线型比例因子修改线型外观。"Ltscale"是控制线型的全局比例因子,它能影响图样中所有非连续线型的外观,其值增大时,非连续线中短横线及间隙加长,反之则缩短。图 1.31 中显示了使用不同全局因子时点划线和虚线的外观变化。

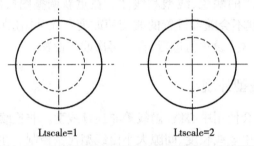

Ltscale=1　　　　　　　Ltscale=2

图 1.31　全局线型比例因子对非连续线外观的影响

②通过当前对象线型比例因子修改线型外观。绘图过程中,有时会为不同对象设置不同的线型比例,这就需要单独控制对象的比例因子。"Celtscale"是控制当前对象线型比例的,调整该值后所有新绘制的非连续线均会受到它的影响。"Ltcale"与"Celtscale"是同时作用在线型对象上的,线型的最终显示比例=Ltcale×Celtscale。图 1.32 显示了不同"Celtscale"下点划线和虚线的外观变化。

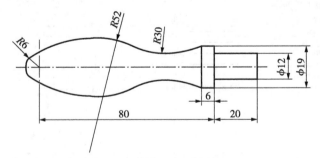

图 1.32　设置当前对象的线型比例因子

1.5 修改 AutoCAD 2018 环境

修改 AutoCAD 2018 环境的详细信息,可在"选项"对话框中进行,如图 1.33 所示,调出"选项"对话框有三种方法:

①在命令行中输入"Options"命令按回车键。

②菜单:"工具"→"选项"。

③快捷菜单:右键绘图区域或命令提示窗口→单击"选项"按钮,弹出"选项"对话框,如图 1.33 所示。

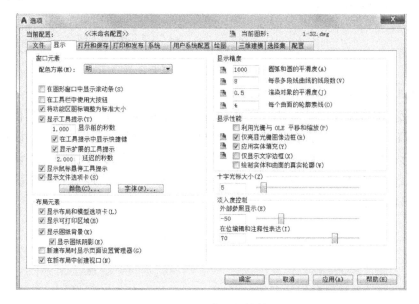

图 1.33 "选项"对话框

"选项"对话框中的各选项卡的信息:

1)"文件"选项卡

该选项卡可指定搜索路径、文件名和文件位置,如图 1.34 所示。在该对话框中可以指定文件夹,以供 AutoCAD 2018 搜索不在默认文件夹中的文件,如字体、线型、填充图案、菜单等。

2)"显示"选项卡

该选项卡包含了六个区,在该对话框中可以配置 AutoCAD 2018 中的"窗口元素""布局元素""十字光标大小""显示精度""显示性能"和"参照编辑的褪色度"。

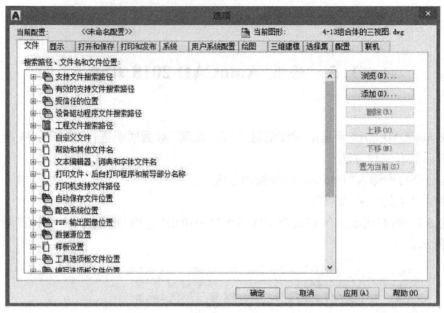

图 1.34　"文件"选项卡

（1）"窗口元素"区

该区可设置图形窗口中是否显示滚动条、是否显示屏幕菜单、是否在工具栏中使用大按钮、是否显示工具栏提示、是否在工具栏提示中显示快捷键等。同时，还可以设置图形窗口颜色和命令行窗口字体。以设置图形窗口颜色为例，单击"颜色"按钮，打开"设置图形窗口颜色"对话框，如图 1.35 所示，在"颜色"下拉列表中选择"白色"即可将系统缺省设置的黑色背景改为白色背景。

图 1.35　"图形窗口颜色"对话框

（2）"布局元素"区

该区可设置是否显示布局和模型选项卡、可打印区域、图纸背景、图纸阴影等。

（3）"十字光标大小"区

该区可通过拖动滑块来控制十字光标的大小。

（4）"显示精度"区

该区可设置圆弧和圆的平滑度、每条多段线曲线的线段数、渲染对象的平滑度和曲面轮廓素线。

（5）"显示性能"区

"应用实体填充"等效于"Fill"命令，"仅显示文字边框"等效于"Qtext"命令。

（6）"参照编辑的褪色度"区

该区可通过拖动滑块来控制参照编辑的褪色度的大小。

3）"打开和保存"选项卡

该选项卡可设置图形打开和保存方式、文件安全措施、外部参照等，如图1.36所示。该选项卡包含了五个区，在该对话框中可以配置"文件保存""文件安全措施""文件打开""外部参照""ObjectARX 应用程序"等。

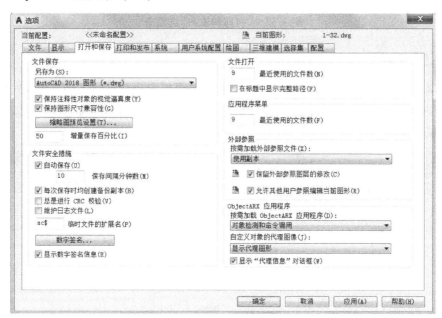

图1.36 "打开和保存"选项卡

在"文件安全措施"区中可设置"自动保存"的"保存间隔分钟数"，系统会按指定的时间间隔自动执行存盘操作，避免由于意外造成的数据丢失。同时，在"安全选项"里也可给图形文件设置密码。

4）"打印和发布"选项卡

"打印和发布"选项卡包含了六个区，在该对话框中可以配置"新图形的默认打印设置""打印到文件""后台处理选项""打印并发布日志文件""基本打印选项"和"指定打印偏移时相对于"等,如图 1.37 所示。

图 1.37 "打印和发布"选项卡

5)"系统"选项卡

该选项卡可控制系统选项,如图 1.38 所示。该选项卡包含了六个区,在该对话框中可以配置的"三维性能""当前指定设备""布局重生成选项""数据库连接选项""基本选项"和"Live Enabler 选项"等。

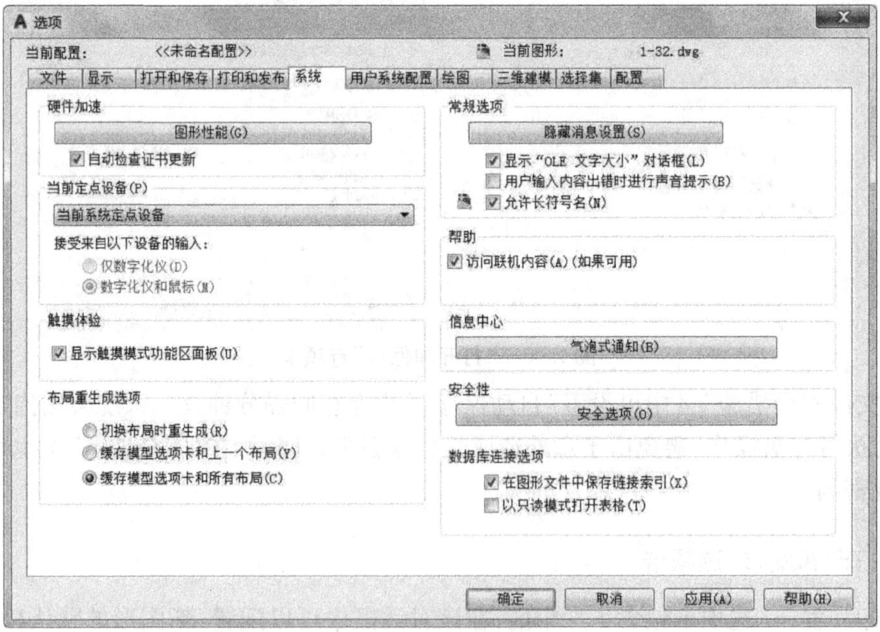

图 1.38 "系统"选项卡

6)"用户系统配置"选项卡

该选项卡可设置用户系统配置,如图 1.39 所示。该选项卡包含了七个区,在该对话框中可以配置"Windows 标准""插入比例""字段""坐标数据输入的优先级""关联标注""超链接"和"放弃/重做"等。

图 1.39 "用户系统配置"选项卡

7)"绘图"选项卡

该选项卡可设置绘图特性,如图 1.40 所示。该选项卡包含了六个区,在该对话框中可以配置"自动捕捉设置""自动捕捉标记大小""对象捕捉选项""自动追踪设置""对齐点获取"和"靶框大小"等。

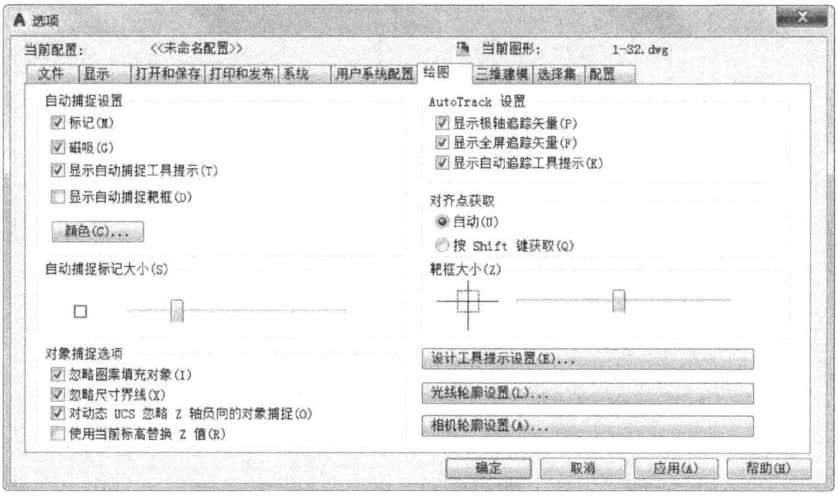

图 1.40 "绘图"选项卡

8）"三维建模"选项卡

该选项卡可设置三维十字光标、三维对象等，如图 1.41 所示。该选项卡包含了五个区，在该对话框中可以配置中的"三维十字光标""显示 UCS 图标""动态输入""三维对象"和"三维导航"等。

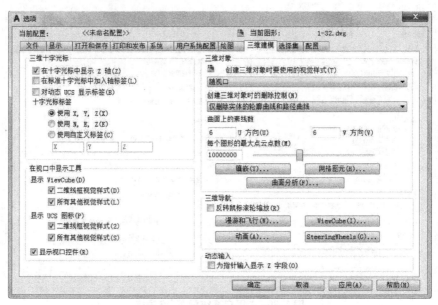

图 1.41 "三维建模"选项卡

9）"选择集"选项卡

该选项卡可修改选择选项，如图 1.42 所示。该选项卡包含了五个区，在该对话框中可

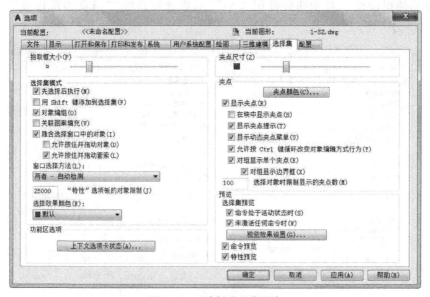

图 1.42 "选择集"选项卡

以配置"拾取框大小""选择预览""选择模式""夹点大小"和"夹点"等。

　　在"选择模式"区,如果选择了"用 Shift 键添加到选择集"选项,那么在选择多个对象时,必须按 Shift 键才能将不同对象同时选中;但是,在没有选择"用 Shift 键添加到选择集"选项的情况下,选择多个对象时,则不必按 Shift 键就能将不同对象同时选中。所以,建议在设置"选择"选项卡时,尽量不要选择该选项。

　　10)"配置"选项卡

　　该选项卡可创建配置,如图 1.43 所示。

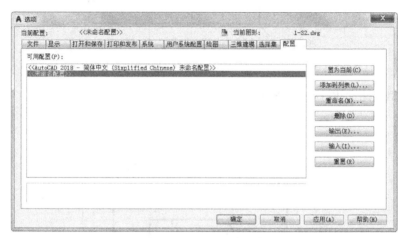

图 1.43　"配置"选项卡

实训项目 1

　　1.1　绘制如图 1.44 所示的平面图形。

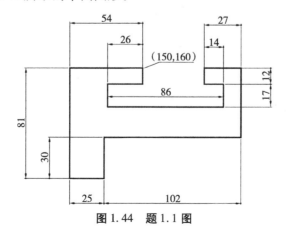

图 1.44　题 1.1 图

1.2 绘制如图 1.45 所示的平面图形。

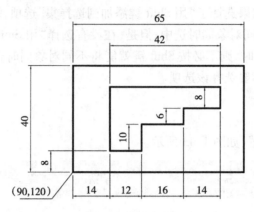

图 1.45 题 1.2 图

1.3 绘制如图 1.46 所示的平面图形。

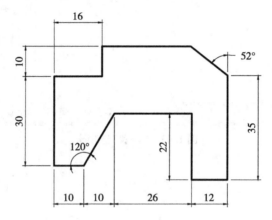

图 1.46 题 1.3 图

1.4 绘制如图 1.47 所示的平面图形。

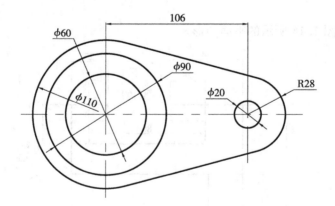

图 1.47 题 1.4 图

1.5　绘制如图 1.48 所示的平面图形。

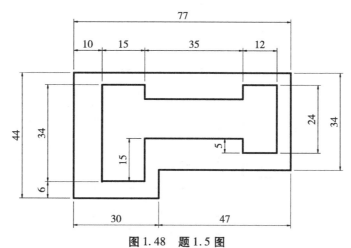

图 1.48　题 1.5 图

1.6　绘制如图 1.49 所示的平面图形。

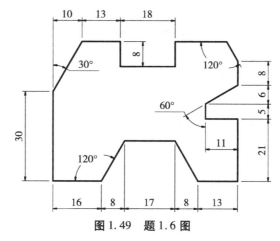

图 1.49　题 1.6 图

1.7　绘制如图 1.50 所示的平面图形。

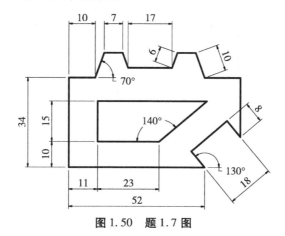

图 1.50　题 1.7 图

1.8 绘制如图 1.51 所示的平面图形。

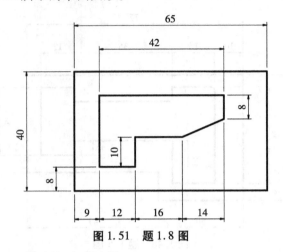

图 1.51 题 1.8 图

1.9 绘制如图 1.52 所示的平面图形。

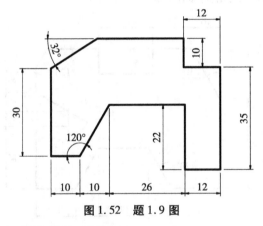

图 1.52 题 1.9 图

1.10 绘制如图 1.53 所示的平面图形。

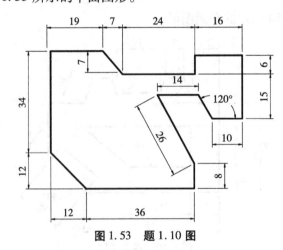

图 1.53 题 1.10 图

1.11　绘制如图 1.54 所示的平面图形。

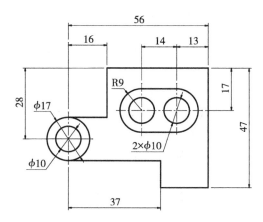

图 1.54　题 1.11 图

1.12　绘制如图 1.55 所示的平面图形。

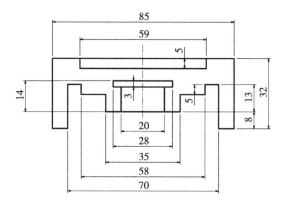

图 1.55　题 1.12 图

1.13　绘制如图 1.56 所示的平面图形。

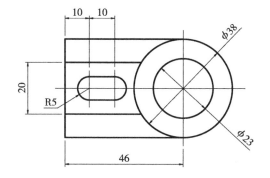

图 1.56　题 1.13 图

1.14 绘制如图 1.57 所示的平面图形。

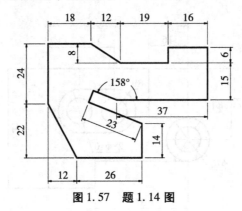

图 1.57 题 1.14 图

第2章　基本图形的绘制

二维图形是指在二维平面空间绘制的图形,主要由一些基本图形元素组成,如点、直线、圆弧、圆、椭圆、矩形、多边形等。AutoCAD 2018 提供了大量的绘图工具,可以帮助用户完成二维图形的绘制。二维图形对象是整个 AutoCAD 2018 的绘图基础,工程设计中的复杂对象往往是由多种二维图形构成的。因此,掌握绘图命令的使用方法和技巧是非常有必要的。

2.1　绘制点

在 AutoCAD 2018 中,点对象可用作捕捉和偏移对象的节点或参考点。创建对象"单点""多点""定数等分"和"定距等分"四种方法创建对象。

2.1.1　绘制单点与多点

运行绘制"点"的命令有两种方法:

①命令:Point(Po)(单点或多点)。

②菜单:"绘图"→"点"→"单点"或"多点"。

选择"多点"按钮,能连续绘制多个点。可以选择"格式"→"点样式"命令,在弹出的"点样式"对话框中选择要绘制的点样式,如图 2.1 所示;然后在绘图区域指定多个点,如图 2.2 所示,最后按 Esc 键结束操作。

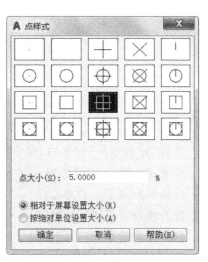

图 2.1　"点样式"对话框

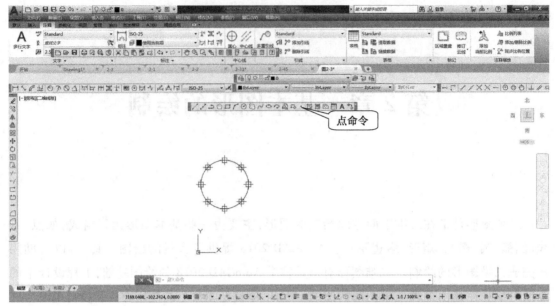

图 2.2 "点"的绘制

2.1.2 绘制定数等分点

如果需要对直线或一个对象进行定数等分,可使用"定数等分"命令。该命令的启动方法有两种:

①命令:Divde(Div);

②菜单:"绘图"→"点"→"定数等分"。

【例题 2.1】 绘制如图 2.3 所示图形,把圆进行八等分。

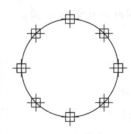

图 2.3 创建"定数等分点"

运行"定数等分"命令后,命令行提示如下:

命令:divide ↵	//运行等分命令
选择要定数等分的对象:	//选择圆
输入线段数目或[块(B)]:8 ↵	//把圆进行 8 等分,按回车键结束命令

值得注意的是,进行定数等分的对象可以是直线,多段线和样条曲线等,但不能是块、尺寸标注、文本及剖面线等。

2.1.2　绘制定距等分点

如果需要对直线或一个对象进行定距等分,可使用"定距等分"命令。该命令的启动方法有两种:

①命令:Measure(Me)。

②菜单:"绘图"→"点"→"定距等分"。

【例题2.2】　绘制如图2.4所示图形,把长度为120的线段EF按15定距等分,如图2.4所示。

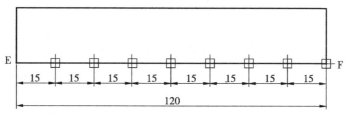

图2.4　创建"定距等分点"

运行"定距等分"命令后,命令行提示如下:

命令:measure ↵	//运行定距等分命令
选择要定距等分的对象:	//选择直线 EF
指定线段长度或[块(B)]:15 ↵	//线段 EF 按15定距等分,按回车键

2.2　绘制直线

直线是各种绘图中最常用、最简单的一种对象,需要指定起点和终点。在 AutoCAD 2018 中,可以用二维坐标(X,Y)或三维坐标(X,Y,Z)来指定端点,也可以混合使用二维坐标和三维坐标,如果输入二维坐标,AutoCAD 2018 将会用当前的高度作为 Z 轴坐标值,默认值为0。

启动绘制"直线"的命令有三种方法:

①命令:Line(L)。

②菜单:绘图→"直线"。

③"绘图"工具栏:"直线"✐按钮。

2.2.1　输入点的坐标画线

输入坐标值有两种类型:一种是直角坐标,另一种是极坐标。

【例题2.3】用直线命令绘制如图2.5所示的图形。

运行"直线"命令后,命令行提示如下:

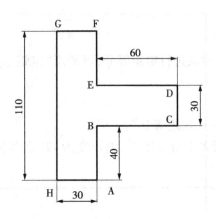

图2.5　使用直线工具绘制图形

命令:L↵	//运行绘制直线命令
line	
指定第一点:↵	//在绘图窗口中任意指定一点 A
指定下一点或[放弃(U)]:@0,40 ↵	//输入 B 点坐标,按回车键
指定下一点或[放弃(U)]:@60,0 ↵	//输入 C 点坐标,按回车键
指定下一点或[闭合(C)/放弃(U)]:@0,30 ↵	//输入 D 点坐标,按回车键
指定下一点或[闭合(C)/放弃(U)]:@−60,0 ↵	//输入 E 点坐标,按回车键
指定下一点或[闭合(C)/放弃(U)]:@0,40 ↵	//输入 F 点坐标,按回车键
指定下一点或[闭合(C)/放弃(U)]:@−30,0 ↵	//输入 G 点坐标,按回车键
指定下一点或[闭合(C)/放弃(U)]:@0,−110 ↵	//输入 H 点坐标,按回车键
指定下一点或[闭合(C)/放弃(U)]:C ↵	//回车,闭合绘制的图形

2.2.2　利用辅助功能绘制直线

1)利用"正交模式"辅助画线

正交模式用于控制是否以正交方式绘图。运行"Ortho"命令在正交模式下可以绘制出水平或垂直的直线。正交模式绘图中,只需用鼠标控制光标在当前的水平和竖直方向上移动,就可准确地绘制出图形中的水平线和竖直线。

打开或关闭正交模式有以下四种方法:

①命令:"Ortho"。

②快捷方式:Ctrl+L。

③状态栏:"正交"按钮。

④快捷键 F8。

【例题 2.4】利用直线命令打开"正交模式",绘制图形,如图2.6所示。

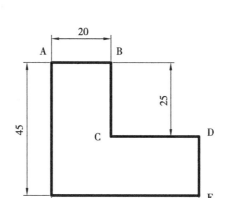

图2.6　利用正交模式辅助画线

运行"直线"命令并打开"正交模式"后,命令行提示如下:

命令:line 指定第一点:<正交　开>	//单击点 A 并打开正交模式,鼠标向右移动
指定下一点或[放弃(U)]:20 ↵	//输入线段 AB 的长度,回车,鼠标向下移动
指定下一点或[放弃(U)]:25 ↵	//输入线段 BC 的长度,回车,鼠标向右移动
指定下一点或[闭合(C)/放弃(U)]:30 ↵	//输入线段 CD 的长度,回车,鼠标向下移动
指定下一点或[闭合(C)/放弃(U)]:20 ↵	//输入线段 DE 的长度,回车,鼠标向左移动
指定下一点或[闭合(C)/放弃(U)]:50 ↵	//输入线段 EF 的长度,回车
指定下一点或[闭合(C)/放弃(U)]:c ↵	//回车,闭合绘制的图形

2)利用"对象捕捉"功能精确画线

"对象捕捉"是指将点自动定位到图形中的关键点上,如线段的端点、中点或圆的圆心、象限点等。在 AutoCAD 2018 中,将"草图设置"对话框的"对象捕捉"选项卡设置为当前,选中各关键点前的复选框,即开启该点捕捉功能。

(1)设置自动捕捉方式。

运行"Dsettings"命令,或者右击状态栏上的"对象捕捉"按钮,打开"草图设置"对话框,在"对象捕捉"选项卡的对话框中选择捕捉点的类型,如设置捕捉点类型为"端点"、"中点"、"圆心"、"象限点"等,如图2.7 所示。设置完毕后,单击"确定"按钮。

(2)打开或关闭"对象捕捉"模式有以下四种方法:

①命令:"Osnap(Os)"。

②快捷方式:"Ctrl+F"。

③状态栏:"对象捕捉"按钮。

④快捷键 F3。

图 2.7 "草图设置"对话框

【例题 2.5】利用"对象捕捉"功能绘制如图 2.8 所示两圆的公切线。

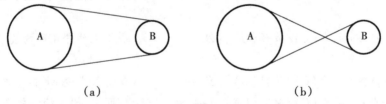

（a）   （b）

图 2.8 利用"对象捕捉"作两圆的公切线

单击"直线" ╱ 按钮,弹出"指定第一点"提示时,移动光标到圆 A 上,出现切点指示符号时单击"确定"按钮。提示"指定下一点或[放弃(U)]"时,再次移动光标到圆 B 上,出现切点指示符号时,单击"确定"按钮,即完成一条公切线。

根据选取圆弧上的点的不同位置,可完成图 2.8(a)和图 2.8(b)中的公切线的绘制(系统自动就近找切点)。

3)利用"极轴追踪""自动追踪"画线

"自动追踪"可以帮助用户通过与前一点或与其他对象的特定关系来创建对象,从而快速、精确地绘制图形。"自动追踪"包括"极轴追踪"和"对象捕捉追踪"两种追踪方式,极轴追踪可以设置追踪角度,如图 2.9 所示。

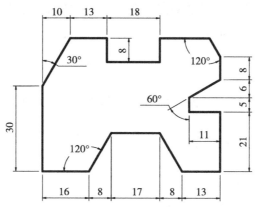

图 2.9 使用"极轴追踪"功能画线

【例题 2.6】使用"自动捕捉"绘图练习。

①打开如图 2.10 所示图形。

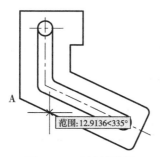

图 2.10 追踪辅助线

②按 F3 和 F11 键,打开对象捕捉及自动追踪功能。

③输入"Line(L)"命令。

④使用"对象捕捉"工具栏中的延伸捕捉(Ext)和捕捉垂足(Per)等。

⑤将光标放置在 A 点上,AutoCAD 2018 会自动捕捉到 A 点,在此建立追踪参考点,然后沿着直线 AE 移动,同时显示出追踪辅助线,输入距离 13,回车确定,得到直线的第一点 E 点。

⑥移动光标至 F 点所在直线,捕捉垂足 F 点,回车确定,得到直线的第二点 F 点,结果如图 2.11 所示。

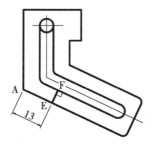

图 2.11 使用自动捕捉功能绘图

如果要使用"对象追踪",必须要对象追踪必须与对象捕捉同时工作。即在使用对象追踪功能时,必须先开启"对象捕捉"。

2.2.3 绘制"构造线"

构造线是指两端可以无限延伸的直线,没有起点和终点。它可以随意放置在绘图区域内,主要用于绘制辅助线。

运行"构造线"有以下三种方法:

①命令:"Xline(Xl)"。

②菜单:"绘图"→"构造线"。

③"绘图"工具栏:"构造线" 按钮。

命令选项与参数说明如下:

①指定点:通过两点绘制直线。

②水平(H):画水平方向直线。

③垂直(V):画竖直方向直线。

④角度(A):通过某点画一个与已知线段成一定角度的直线,如图 2.12(a)所示。

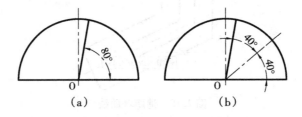

图 2.12　用"构造线"二等分已知角

⑤二等分(B):绘制一条平分已经角度的直线,如图 2.12(b)所示。

⑥偏移(O):输入一个平移距离绘制平行线,或指定直线通过的点来创建新平行线。

2.3　绘制平行线

作已知线段的平行线,一般采用如下两种方法:

①命令:"Offset(O)"。

②平行捕捉"Par"。

(1)利用偏移命令"Offset"绘制平行线

偏移命令可以对指定的直线、圆弧、圆等对象作同心偏移复制。在实际应用中,常利用偏移命令的特性创建平行线或等距离分布图形。

运行"偏移"命令有以下三种方法：

①命令："Offset(O)"。

②菜单："修改"→"偏移"。

③"编辑"工具栏："偏移" 📖 按钮。

命令选项与参数说明如下：

①指定偏移距离：用户输入平移距离值，AutoCAD 2018 根据此数值偏移原始对象产生新对象。

②通过(T)：通过指定点创建新的偏移对象。

③删除(E)：偏移源对象后将其删除。

④图层(L)：指定将偏移后的新对象放置在当前图层上或源对象所在的图层上。

⑤多个(M)：在要偏移的一侧单击多次，可创建多个等距对象。

【例题 2.7】练习"Offset(O)"命令。

打开如图 2.13(a)所示的图形，用"Offset(O)"命令将其修改为如图 2.13(b)所示的图形。

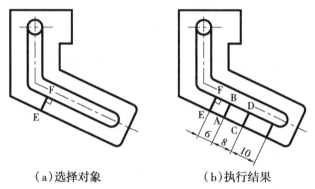

（a）选择对象　　　　　　　（b）执行结果

图 2.13　利用"Offset"命令画平行线

运行"偏移"命令后，命令行提示如下：

命令：O ↵　　//运行偏移命令

OFFSET

当前设置：删除源＝否　　图层＝源　　OFFSETGAPTYPE＝0

指定偏移距离或[通过(T)/删除(E)/图层(L)]<通过>：6 ↵　　//指定偏移距离,回车

选择要偏移的对象，或[退出(E)/放弃(U)]<退出>：　　//选择偏移对象线段 EF

指定要偏移的那一侧上的点，或[退出(E)/多个(M)/放弃(U)]<退出>：　　//选择要偏移的方向

选择要偏移的对象，或[退出(E)/放弃(U)]<退出>：　　//按空格键，结束偏移命令

命令：OFFSET　　//按空格键重复运行偏移命令

当前设置：删除源＝否　　图层＝源　　OFFSETGAPTYPE＝0

指定偏移距离或[通过(T)/删除(E)/图层(L)] <6.0000>：8 ↵　　//指定偏移距离，回车

选择要偏移的对象，或[退出(E)/放弃(U)]<退出>：　　//选择偏移对象线段 AB

指定要偏移的那一侧上的点，或[退出(E)/多个(M)/放弃(U)]<退出>：　　//选择要偏移的方向

选择要偏移的对象，或[退出(E)/放弃(U)]<退出>：　　//按空格键,结束偏移命令

命令：OFFSET　　//按空格键重复运行偏移命令

当前设置：删除源＝否　图层＝源　OFFSETGAPTYPE＝0

指定偏移距离或[通过(T)/删除(E)/图层(L)]<6.0000>：10↵　　//指定偏移距离,回车

选择要偏移的对象，或[退出(E)/放弃(U)]<退出>：　　//选择偏移对象线段 CD

指定要偏移的那一侧上的点,或[退出(E)/多个(M)/放弃(U)]<退出>：　　//选择要偏移的方向

选择要偏移的对象,或[退出(E)/放弃(U)]<退出>：　　//按空格键,结束偏移命令

(2)利用"平行捕捉"绘制平行线

如果要作已知线段的平行线,可利用"平行捕捉"命令进行绘制。该命令还可以绘制出倾斜位置的图形结构。

【例题 2.8】应用"平行捕捉"

利用"Line"命令并结合延伸扑捉"Ext"和平行捕捉"Par"命令,将其修改为如图 2.14 (b)所示的图形,命令行提示如下：

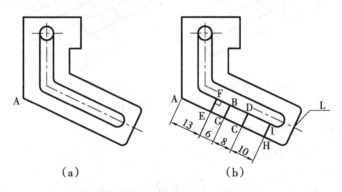

（a）　　　　　　　（b）

图 2.14　利用"Par"命令绘制平行线

命令：L　　　　　　　　　　　　　　//运行"直线"命令

LINE

指定第一个点：_ext 于 13　　　　　　//用"Ext"捕捉 A 点确定 E 点

指定下一点或[放弃(U)]：_par 到　　　//用"Par"画线段 L 的平行线 EF

指定下一点或[放弃(U)]：↵　　　　　//按回车键结束命令

命令：LINE　　　　　　　　　　　　//按回车键重复"直线"命令

指定第一个点：_ext 于 19　　　　　　//用"Ext"捕捉 A 点确定 G 点

指定下一点或[放弃(U)]：_par 到　　　//用"Par"画线段 EF 的平行线 GB

指定下一点或[放弃(U)]:	//按回车键结束命令
命令:LINE	//按回车键重复"直线"命令
指定第一个点:_ext 于 27	//用"Ext"捕捉 A 点确定 C 点
指定下一点或[放弃(U)]:_par 到	//用"Par"画线段 GB 的平行线 CD
指定下一点或[放弃(U)]:	//按回车键结束命令
命令:LINE	//按回车键重复"直线"命令
指定第一个点:_ext 于 37	//用"Ext"捕捉 A 点确定 H 点
指定下一点或[放弃(U)]:_par 到	//用"Par"画线段 CD 的平行线 HI
指定下一点或[放弃(U)]:	//按回车键结束命令

2.4 绘制多段线

多段线是 AutoCAD 2018 中较为重要的一种图形对象,由多个彼此首尾相连、相同或不同宽度的直线段或圆弧段组成,并作为一个整体对象使用。

运行"多段线"命令有三种方法:

①命令:"Pline(PL)"。

②菜单:"绘图"→"多段线"。

③"绘图"工具栏:"多段线" 按钮。

命令选项与参数说明如下:

①圆弧(A):绘图方式由直线段变为圆弧段,并以最后所绘制线的端点作为圆弧的起始点。

②半宽(H):将多段线总宽度的值减半。AutoCAD 2018 提示输入起点宽度和终点宽度,用户输入相关数值,即可绘制一条宽度渐变的线段或圆弧。

注意:用户输入的数值将作为此后绘制图形的默认宽度,直到下次修改为止。

③长度(L):设置直线段的长度和圆弧段的切段。

④放弃(U):撤消刚绘制完毕的多段线。

⑤宽度(W):其操作与半宽操作相同,需注意的是,输入的数值就是实际线段的宽度。

⑥闭合(C):绘制到起点的封闭多线段或圆弧段。

【例题 2.9】 用"多线段"命令绘制图 2.15 所示图形。

运行"多线段"命令后,命令行提示如下:

命令:pline ↵	//运行多线段绘制命令
指定起点:	//指定 A 点(任意点)
当前线宽为 0.0000	

指定下一个点或[圆弧(A)/半宽(H)/长度(L)/放弃(U)/宽度(W)]:100 ↵
　　//指定线段 AB 的长度,回车

指定下一点或[圆弧(A)/闭合(C)/半宽(H)/长度(L)/放弃(U)/宽度(W)]:a ↵
　　//转换为圆弧命令,回车

指定圆弧的端点(按住 Ctrl 键以切换方向)或[角度(A)/圆心(CE)/闭合(CL)/方向(D)/半宽(H)/直线(L)/半径(R)/第二个点(S)/放弃(U)/宽度(W)]:r ↵　　//设置半径(R)

指定圆弧的半径:20 ↵　　//输入半径值20

指定圆弧的端点(按住 Ctrl 键以切换方向)或[角度(A)]:a ↵　　//设置角度(A)

指定夹角:-180　　//输入角度值-180

[角度(A)/圆心(CE)/闭合(CL)/方向(D)/半宽(H)/直线(L)/半径(R)/第二个点(S)/放弃(U)/宽度(W)]:l ↵　　//转换为直线命令,回车

指定下一点或[圆弧(A)/闭合(C)/半宽(H)/长度(L)/放弃(U)/宽度(W)]:100 ↵
　　//指定线段 CD 的长度,回车

指定下一点或[圆弧(A)/闭合(C)/半宽(H)/长度(L)/放弃(U)/宽度(W)]:a ↵
　　//转换为圆弧命令,回车

指定圆弧的端点(按住 Ctrl 键以切换方向)或[角度(A)/圆心(CE)/闭合(CL)/方向(D)/半宽(H)/直线(L)/半径(R)/第二个点(S)/放弃(U)/宽度(W)]:cl ↵　　//回车,闭合图形

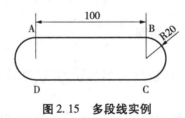

图2.15　多段线实例

2.5　绘制样条曲线

样条曲线是由一系列控制点控制,并在规定拟合公差内拟合形成的光滑曲线。样条曲线主要用于绘制机械图形中的断面,其形状由数据点、拟合点及控制点来控制。其中,绘制样条曲线的数据点由用户确定。拟合点及控制点由系统自动产生,用于编辑样条曲线。

运行"样条曲线"的命令有以下三种方法:

①命令:"SPline(SPL)"。

②菜单:"绘图"→"样条曲线"。

③"绘图"工具栏:"样条曲线" ~ 按钮。

命令选项与参数说明如下:

①对象(O):可以将通过多段线编辑得到的二次或三次拟合样条曲线转换成等价的样条曲线。

②闭合(C):自动将最后一点定义为与第一点相同,且两点在连接处相切,从而使样条曲线闭合。

③拟合公差(F):可设置拟合公差。拟合公差是样条曲线输入点之间所允许偏移的最大距离。当给定拟合公差时,绘制的样条曲线并非都能通过拟合点。如果设置拟合公差为0,样条曲线将通过拟合点;如果设置拟合公差大于0,样条曲线将在指定的公差范围内通过拟合点。

【例题 2.10】绘制如图 2.16 所示的样条曲线。

图 2.16　绘制"样条曲线"

运行"样条曲线"命令,命令行提示如下:

```
命令:spline ↵                                          //运行样条曲线命令
当前设置:方式=拟合　节点=弦
指定第一个点或[方式(M)/节点(K)/对象(O)]:                  //单击确定 A 点的位置
输入下一个点或[起点切向(T)/公差(L)]:                      //单击确定 B 点的位置
输入下一个点或[端点相切(T)/公差(L)/放弃(U)]:              //单击确定 C 点的位置
输入下一个点或[端点相切(T)/公差(L)/放弃(U)/闭合(C)]:      //单击确定 D 点的位置
输入下一个点或[端点相切(T)/公差(L)/放弃(U)/闭合(C)]:      //按空格键结束命令
```

2.6　绘　制　圆

圆和圆弧是一种常用的平面对象,在工程绘图中应用非常广泛。在 AutoCAD 2018 中,绘制圆的方法有很多种,如图 2.17 所示。在将图 2.17(a)绘制成图 2.17(b)所示的过程中,用到了绘制圆的四种方法。

运行绘制"圆"的命令有三种方法:

①命令:"Circle(C)"。

②菜单:"绘图"→"圆"。

③"绘图"工具栏:"圆" ◎ 按钮。

命令选项与参数说明如下:

①指定圆的圆心：缺省选项。输入圆心坐标或拾取圆心后，AutoCAD 2018 将提示输入圆半径或直径值。

②三点(3P)：输入三个点绘制圆周。

③两点(2P)：指定直径的两个端点画圆。

④相切、相切、半径(T)：选取与圆相切的两个对象，然后输入圆半径。

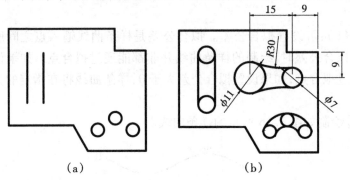

（a） （b）

图 2.17 绘制圆

2.7 绘制圆弧

绘制圆弧可以画出整圆，再使用"Trim"命令，将画出的整圆处理生成圆弧。

运行"圆弧"命令有以下三种方法：

①命令："Arc"。

②菜单："绘图"→"圆弧"。

③"绘图"工具栏："圆弧" 按钮。

圆弧的绘制方法有十一种，如图 2.18 所示为"圆弧"子命令菜单选项。

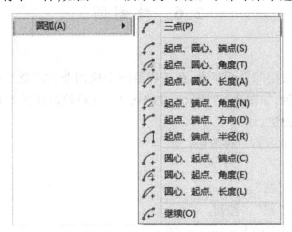

图 2.18 "圆弧"子命令菜单选项

【例题 2.11】"三点法"绘制圆弧,如图 2.19 所示。

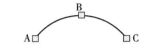

图 2.19 "三点法"法绘制圆弧

选择"绘图"→"圆弧"→"三点"命令,命令行提示如下:

命令:arc ↵	//运行圆弧命令,在 A 点处单击
指定圆弧的起点或[圆心(C)]:	
指定圆弧的第二个点或[圆心(C)/端点(E)]:	//在 B 点处单击
指定圆弧的端点:	//在 C 点处单击,结束命令

2.8 绘制椭圆和椭圆弧

椭圆和椭圆弧是工程图样中常见的曲线,其绘制方法很简单。

2.8.1 椭 圆

运行"椭圆"命令有以下三种方法:

①命令:"Ellipse(EL)"。

②菜单:"绘图"→"椭圆"。

③"绘图"工具栏:"椭圆" ⬭ 按钮。

命令选项与参数说明如下:

①圆弧(A):可绘制一段椭圆弧。其绘制过程是选画一个完整的椭圆,随后指定椭圆弧的起始角度及终止角度。

②中心点(C):通过椭圆中心点及长轴、短轴来绘制椭圆。

③旋转:按旋转方式绘制椭圆,即将圆绕直径转动一定角度后,再投影到平面上形成椭圆。

【例题 2.12】绘制椭圆。

运行"椭圆"命令后,命令行提示如下:

命令:ellipse ↵	//运行椭圆命令
指定椭圆的轴端点或[圆弧(A)/中心点(C)]c↵	//选择以"中心点"方式绘制椭圆,回车
指定椭圆的中心点:	//指定中心点 O 点
指定轴的端点:20 ↵	//输入一条半轴长度
指定另一条半轴长度或[旋转(R)]:30 ↵	//输入另一条半轴长度,结束命令

绘制的图形如图 2.20 所示。

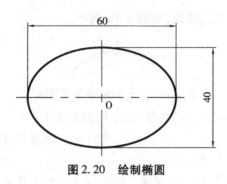

图 2.20　绘制椭圆

2.8.2　椭圆弧

运行"椭圆弧"命令有以下三种方法：

①命令："Ellipse(EL)"。

②菜单："绘图"→"椭圆"→"圆弧(A)"。

③"绘图"工具栏："椭圆弧" ◐ 按钮。

运行"椭圆弧"命令,用户在命令行的提示下,绘制椭圆弧的方法如下：

①根据起始角度和终止角度绘制椭圆弧。

②根据起始角度和椭圆弧的中心角度绘制椭圆弧。

③根据指定参数绘制椭圆弧。

【例题 2.13】绘制一段椭圆弧 AB,起始角为 -45°,终止角为 210°,如下图 2.21 所示。

运行"椭圆弧"命令后,命令行提示如下：

命令:Ellipse↵	//运行椭圆命令
指定椭圆的轴端点或[圆弧(A)/中心点(C)]:_a	
指定椭圆弧的轴端点或[中心点(C)]:c↵	//用中心点绘制椭圆弧,回车
指定椭圆弧的中心点:拾取 O 点	//指定中心点
指定轴的端点:20 ↵	//输入一条半轴长度
指定另一条半轴长度或[旋转(R)]:30 ↵	//输入另一条半轴长度
指定起点角度或[参数(P)]:-45 ↵	//指定椭圆弧起始角度 -45°
指定端点角度或[参数(P)/夹角(I)]:210 ↵	//指定椭圆弧终止角度 210°,结束命令

绘制的图形如图 2.21 所示。

图 2.21　绘制"椭圆弧"

2.9 绘制矩形及正多边形

矩形和正多边形也是工程图样中常见的元素之一。只需指定矩形对角线的端点即可，如若需要，还可设置矩形的边线宽度、顶点处的倒角距离及圆角半径。而绘制正多边形则需指定多边形的边数及多边形的中心或指定多边形的边数及余边多边形某一边的两个端点。

2.9.1 绘制矩形

运行"矩形"命令有以下三种方法：

①命令：Rectangle(Rec)。

②菜单："绘图"→"矩形"。

③"绘图"工具栏："矩形" □ 按钮。

启动绘制"矩形"的命令，即可绘制出倒角矩形、圆角矩形、有宽度的矩形等多种矩形，命令行提示如下：

命令：Rec ↵　　　　　　　//运行矩形命令

RECTANG

指定第一个角点或[倒角(C)/标高(E)/圆角(F)/厚度(T)/宽度(W)]：C ↵　　//转换为倒角命令，回车

指定矩形的第一个倒角距离<0.0000>：1 ↵

指定矩形的第二个倒角距离<1.0000>：2 ↵

指定第一个角点或[倒角(C)/标高(E)/圆角(F)/厚度(T)/宽度(W)]：　　//指定矩形第一个角点

指定另一个角点或　[面积(A)/尺寸(D)/旋转(R)]：

　　　　　　　　　　//指定矩形另一个角点绘制的矩形如图2.22(a)所示

命令：RECTANG ↵　　　　　　//按空格键重复矩形命令

当前矩形模式：倒角=1.0000x2.0000

指定第一个角点或[倒角(C)/标高(E)/圆角(F)/厚度(T)/宽度(W)]：f↵

　　　　　　　　　　//转换为圆角命令，回车

指定矩形的圆角半径<1.0000>：2 ↵

指定第一个角点或[倒角(C)/标高(E)/圆角(F)/厚度(T)/宽度(W)]：　　//指定矩形第一个角点

指定另一个角点或　[面积(A)/尺寸(D)/旋转(R)]：

　　　　　　　　　　//指定矩形另一个角点绘制的矩形如图2.22(b)所示

命令:RECTANG ↵　　　//按空格键重复矩形命令当前矩形模式:圆角=2.0000

指定第一个角点或[倒角(C)/标高(E)/圆角(F)/厚度(T)/宽度(W)]:w ↵

　　//转换为宽度命令,回车

指定矩形的线宽<0.0000>:2 ↵

指定第一个角点或[倒角(C)/标高(E)/圆角(F)/厚度(T)/宽度(W)]:　　　//指定矩

形第一个角点

指定另一个角点或　[面积(A)/尺寸(D)/旋转(R)]:

　　//指定矩形另一个角点绘制的矩形如图 2.22(c)所示

(a)倒角矩形　　　　(b)圆角矩形　　　　(c)有宽度矩形

图 2.22　矩形的多种形式

命令选项与参数说明如下:

①指定第一个角点:指定矩形的一个角点,拖动鼠标,屏幕会显示出一个矩形。

②指定另一个角点:指定矩形的另一角点。

③倒角(C):指定矩形的倒角距离。

④标高(E):确定矩形所在的平面高度,缺省情况下,矩形是在 xy 平面内(z 坐标值为 0)。

⑤圆角(F):指定矩形各顶点倒圆角的半径。

⑥厚度(T):设置矩形的厚度,用于绘制三维图形。

⑦宽度(W):设置矩形的线条宽度。

⑧面积(A):先输入矩形面积,再输入矩形长度值或宽度值以创建矩形。

⑨尺寸(D):指定矩形的长值和宽值。

⑩旋转(R):指定矩形的旋转角度。

2.9.2　绘制正多边形

运行 "正多边形"命令有三种方法:

①命令:"Polygon(Pol)"。

②菜单:"绘图"→"正多边形"命令。

③"绘图"工具栏:"正多边形" ⬡ 按钮。

启动"正多边形"的命令,可以绘制边数为 3~1024 的正多边形。

运行"正多边形"命令后,在命令行的提示下,绘制正多边形的方法有三种:

①根据多边形的边数和一条已知边绘图,命令行提示如下:

命令:_polygon 输入侧面数<4>:5 ↵　　　　　//运行多边形命令,输入边数 5

指定正多边形的中心点或[边(E)]:e ↵　　　//转换为边(E)命令,回车

指定边的第一个端点:　　　　　　　　　　//指定边的第一个端点 A 点

指定边的第二个端点:　　　　　　　　　　//指定边的第二个端点 B 点

绘制的图形如图 2.23(a)所示。

②根据正多边形的边数和外接圆半径绘图,命令行提示如下:

命令:_polygon 输入侧面数<5>:5 ↵　　　　//运行多边形命令,输入边数 5
指定正多边形的中心点或[边(E)]:　　　　//指定正多边形的中心点 E 点
输入选项[内接于圆(I)/外切于圆(C)] <I>:i ↵　//输入内接于圆选项
指定圆的半径:17 ↵

绘制的图形如图 2.23(b)所示。

③根据多边形的边数和内切圆半径绘图,命令行提示如下:

命令:_polygon 输入侧面数<5>:5 ↵　　　　//运行多边形命令,输入边数 5
指定正多边形的中心点或[边(E)]:　　　　//指定正多边形的中心点 F 点
输入选项[内接于圆(I)/外切于圆(C)] <I>:c ↵　//输入外切于圆选项
指定圆的半径:14 ↵

绘制的图形如图 2.23(c)所示。

命令选项与参数说明如下:

①指定正多边形的中心点:输入正多边形的边数后,再指定正多边形的中心点。

②边(E):输入正多边形的边数后,再指定该正边形某条边的两个端点。

③内接于圆(I):根据外接圆绘制正多边形。

④外切于圆(C):根据内切圆绘制正多边形。

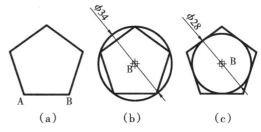

图 2.23　绘制正多边形

2.10　合并对象

利用合并命令可以将直线上的多个线段或多个圆弧连接合并为一个实体,也可将一个圆弧或椭圆弧闭合为完整的圆和椭圆弧,如图 2.24 所示。

运行"合并"命令有三种方法:

①命令:"Join (J)"。

②菜单:"修改"→"合并"命令。

③标准工具栏上:"合并" 按钮。

命令选项与参数说明如下:

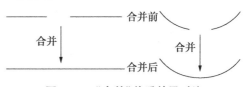

图 2.24　"合并"前后效果对比

①选择源对象:选择合并对象的其中之一作为源对象。

②选择要合并到源的直线:选择与源对象合并的另一对象。

2.11　图案填充

图案填充是指用一种图案充满图形中的指定区域。在机械工程图中,图案填充常用来表示一个剖切的区域,不同的图案填充可表示不同的零部件或者材料。

2.11.1　填充剖面图案

运行"图案填充"命令有三种方法:

①命令:Bhatch(BH)。

②菜单:"绘图"→"图案填充"。

③"绘图"工具栏:"图案填充"圆按钮。

运行"图案填充"命令后,AutoCAD 2018 会弹出如图 2.25 所示的"图案填充和渐变色"对话框。

图 2.25　"图案填充和渐变色"对话框

单击"图案"下拉列表框,设置填充图案,也可以通过单击其后面的"显示填充图案选项板对话框"按钮 选择所需的填充图案,如图 2.26 所示。

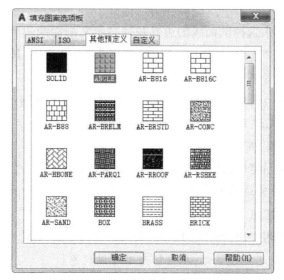

图 2.26 "填充图案选项板"对话框

1)"类型和图案"功能区

在"类型和图案"功能区中,可以设置填充的图案类型。其中,"预定义"选项可以使用 AutoCAD 2018 提供的图案,"用户定义"选项可以利用当前线型定义新的简单图案;"自定义"选项可以使用事先定义好的图案进行填充。

2)"角度和比例"功能区

确定填充图案后,可通过"角度和比例"功能区改变填充图案的缩放比例和角度值。该功能区的功能如下:

①"角度"下拉列表框:设置填充图案的旋转角度(默认值为 0),如图 2.27 所示效果。

②"比例"下拉列表框:设置图案填充时的比例值(默认值为 1),如图 2.28 所示效果。

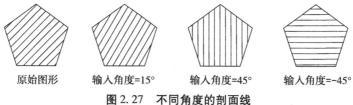

图 2.27 不同角度的剖面线

图 2.28 不同比例的剖面线

3）"边界"功能区

"边界"功能区可用来选择剖面线的边界并控制定义剖面线边界的方法,包括"拾取点""选择对象""删除边界""重新创建边界""查看选择集"五个选项,其主要功能如下:

（1）"添加:拾取点"▣按钮

单击此按钮则返回绘图窗口,在所要绘制剖面线的封闭区域内任选一点来选择边界,按回车键返回原对话框,单击"确定"按钮,即可绘制剖面线。

（2）"添加:选择对象"▣按钮

单击此按钮返回绘图窗口,通过"选择对象"指定边界。

注意:该方式要求作为边界的实体必须呈封闭状态。

（3）"删除边界"▣按钮

单击该按钮返回绘图窗口,可用拾取框选择该命令中已定义的边界。

注意:在没有选择或定义边界时,此按钮为不可用状态。

（4）"重新创建边界"▣按钮

该按钮仅在运行修改图案填充命令时可用。

（5）"查看选择集"▣按钮

单击该按钮返回图纸空间,查看当前已选择的边界。在没有选择或定义边界时,此按钮为不可用状态。

4）"选项"功能区

该功能区可设置图案填充与填充边界的关系,包括"关联"和"创建独立的图案填充"两种。单击"关联"选项,填充的图案与填充边界保持关联关系,当对填充边界进行操作时,会重新生成图案填充;单击"创建独立的图案填充"选项,则图案填充与填充边界没有关联关系。

单击"扩展"▣按钮,弹出"图案填充和渐变色"对话框中右侧的"孤岛"区,如图2.29所示。"孤岛"是出现在填充区域内的封闭边界,默认情况下,系统自动检测"孤岛"并将其排除在图案填充区之外。

"图案填充"有三种方式,以图2.30(a)为例,进行介绍。

（1）"普通"方式

该方式是默认的填充方式。该方式对孤岛内的孤岛实施隔层填充,其填充效果如图2.30(b)所示。

（2）"外部"方式

该方式只对最外层进行填充,其填充效果如图2.30(c)所示。

（3）"忽略"方式

该方式忽略边界内的所有孤岛,进行全部填充,其填充效果如图2.30(d)所示。

图 2.29 "图案填充和渐变色"对话框中右侧的"孤岛"区

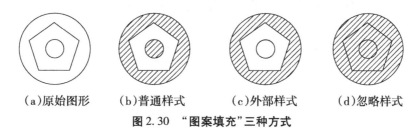

（a）原始图形 　　（b）普通样式 　　（c）外部样式 　　（d）忽略样式

图 2.30 "图案填充"三种方式

2.11.2 控制"图案填充"的可见性

图案填充的可见性是可以控制的,其控制方式有两种,一种用命令"Fill"或系统变量"Fillmode"来实现,另一种利用"图层"来实现。

1）用"Fill"命令控制填充图案的可见性

当"Fill"设为"ON"时,填充图案可见;当"Fill"设为"OFF"时,填充图案不可见。更改"Fill"命令后,必须用"Regen"命令重新生成才能更新填充图案的可见性。在使用"图层"控制图案填充的可见性时,不同的控制方式会使图案填充与其边界的关联关系发生变化。

2）利用"图层"控制图案填充的可见性

当图案填充所在图层被关闭后,所填充的图案与其边界保持关联关系。即修改边界后,填充的图案会根据新的边界进行自动调整,如图 2.31(b)所示。

当图案填充所在图层被锁定或冻结后,即所规定的图案与其边界脱离关联关系。即边界修改后,填充图案不会根据新的边界自动调整位置,如图 2.31(c)所示。

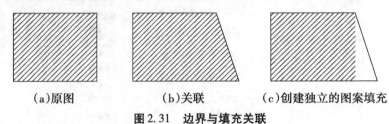

(a)原图   (b)关联   (c)创建独立的图案填充

图 2.31   边界与填充关联

2.12   综合实例:手柄绘制

使用构造线、直线、圆、矩形等工具,绘制如图 2.32 所示的手柄。通过练习掌握基本图形元素的绘制方法。

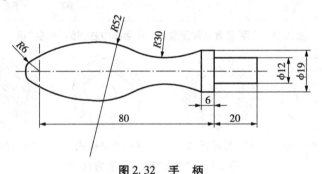

图 2.32   手   柄

操作步骤如下:

①创建三个新图层。

名　称	颜　色	线　型	线　宽	应　用
粗实线	绿色	Continuous	0.3	轮廓线
中心线	红色	Center	默认	中心线
尺寸	蓝色	Continuous	默认	标注尺寸

②选择"图形界限"菜单,设置作图大小为"297×210",然后利用窗口缩放命令"Zoom"的"全部 A"选项,将绘图区域窗口调整至满屏显示状态。

③通过"线型控制"下拉列表打开"线型管理器"对话框,在此对话框中设定线型全局比例因子为"0.2"。

④运行"极轴追踪""对象捕捉"及"自动追踪"功能。指定"极轴追踪"的角度增量为"90°";设定"对象捕捉"方式为"端点""交点";设置"自动追踪"仅沿正交方向。

⑤切换到中心线层,用构造线命令"XLine"在屏幕的坐标原点绘制一条水平辅助线和一条垂直辅助线。按回车键重复上一步命令,从已有图形的原点 O 分别垂直向上、垂直向下偏移 13 个单位,绘制两条平行的水平辅助线,如图 2.33 所示。

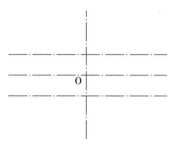

图 2.33　在中心线层绘制主要轮廓线

⑥切换到轮廓线层,用圆命令"Circle",以 O 点为圆心,绘制半径为 6 的圆 A,如图 2.34 所示。

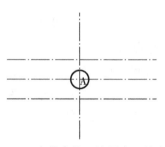

图 2.34　在轮廓线层绘制主要轮廓线

⑦手柄是由相切圆弧组成的。因此,在绘制时可以选择"绘图"→"圆"→"相切、相切、半径"菜单,分别绘制与圆 A 和两条水平辅助线相切、半径为 52 的圆 B 与圆 C,如图 2.35 所示。

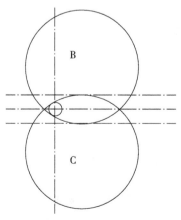

图 2.35　绘制圆 B 和圆 C

⑧选中两条水平辅助线按"Delete"键将其删除,单击"绘图"工具栏中的"矩形" 按钮,分别输入两个角点的坐标(74,-9.5)和(@6,19),绘制如图2.36所示矩形。

⑨单击"构造线" 按钮,输入H,捕捉E、F点并水平延伸单击。绘制两条与矩形相切的水平辅助线,如图2.37所示。

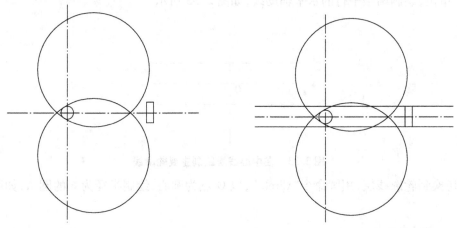

图2.36　绘制矩形　　　　　图2.37　绘制与矩形相切的水平辅助线

⑩选择"绘图"→"圆弧"→"起点、端点、半径"菜单,打开"对象捕捉"工具栏,单击"捕捉到交点" 按钮,捕捉圆B与辅助线的交点D,单击"捕捉到端点" 按钮,捕捉矩形的端点E,如图2.38(a)所示;输入半径30,绘制圆弧,效果如图2.38(b)所示。

⑪绘制圆弧完毕后,删除两条辅助线,再用修剪工具修剪图形,效果如图2.39所示。

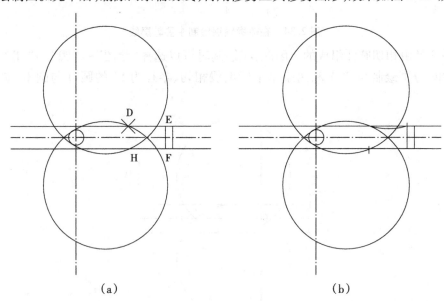

（a）　　　　　　　　　　　　　（b）

图2.38　绘制圆弧

⑫根据图2.20所标尺寸绘制其他直线,利用修剪工具修剪图形,效果如图2.40所示。

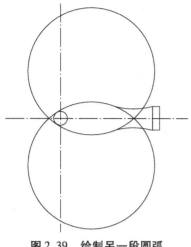

图 2.39　绘制另一段圆弧

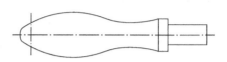

图 2.40　绘制其他直线并修剪图形

实训项目 2

2.1　利用基本绘图命令,绘制如图 2.41 所示的平面图形。

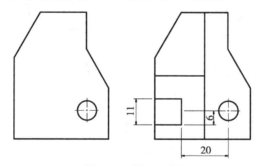

图 2.41　题 2.1 图

2.2　利用基本绘图命令,绘制如图 2.42 所示的平面图形。

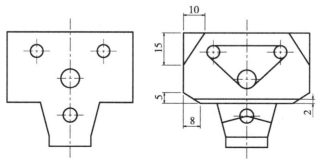

图 2.42　题 2.2 图

2.3 利用基本绘图命令,绘制如图 2.43 所示的平面图形。

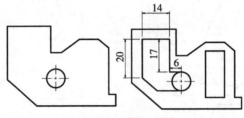

图 2.43 题 2.3 图

2.4 利用基本绘图命令,绘制如图 2.44 所示的平面图形。

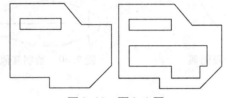

图 2.44 题 2.4 图

2.5 利用基本绘图命令,绘制如图 2.45 所示的平面图形。

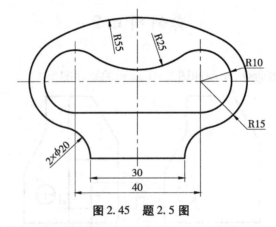

图 2.45 题 2.5 图

2.6 利用基本绘图命令,绘制如图 2.46 所示的平面图形。

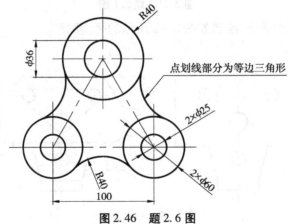

图 2.46 题 2.6 图

2.7 利用基本绘图命令,绘制如图 2.47 所示的平面图形。

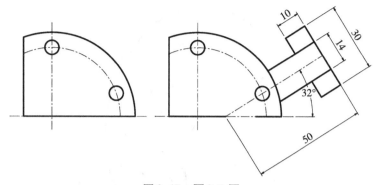

图 2.47 题 2.7 图

提示:作已知直线的垂线:参照线-角度-参照-选择直线-角度 90-通过点:捕捉基准点(正交捕捉-@50<32)

2.8 利用基本绘图命令,绘制如图 2.48 所示的平面图形。

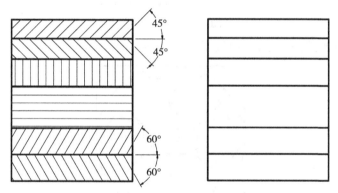

图 2.48 题 2.8 图

提示:运行图案填充 Bhatch(Bh)命令时,注意"拾取点"和"选择对象"的区别:填充边界封闭的,边界选择方式用"添加:拾取点";角度和比例的设置(图中角度分别设 0、90、45、135、15 和 105 度)

2.9 利用基本绘图命令,绘制如图 2.49 所示的平面图形。

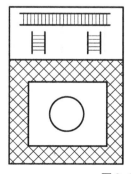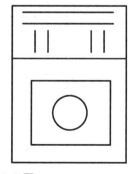

图 2.49 题 2.9 图

2.10　利用基本绘图命令,绘制如图 2.50 所示的平面图形。

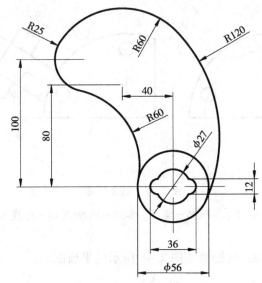

图 2.50　题 2.10 图

2.11　利用基本绘图命令,绘制如图 2.51 所示的平面图形。

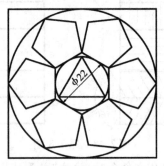

图 2.51　题 2.11 图

2.12　利用基本绘图命令,绘制如图 2.52 所示的平面图形。

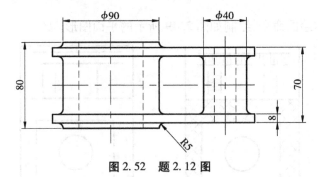

图 2.52　题 2.12 图

2.13　利用基本绘图命令,绘制如图 2.53 所示的平面图形。

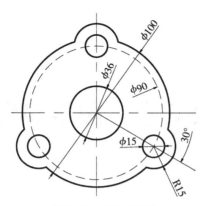

图 2.53 题 2.13 图

2.14 利用基本绘图命令,绘制如图 2.54 所示的平面图形。

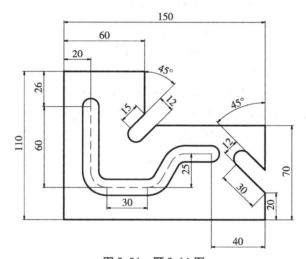

图 2.54 题 2.14 图

第 3 章 图形编辑

在修改编辑图形时,AutoCAD 2018 具有非常高效的性能,提供了许多编辑工具,可以非常方便地移动、旋转、拉伸对象或修改图形中对象的比例因子,如果要删除一个对象,只需单击几次鼠标即可删除;另外,它还可以将对象进行多重复制。

在本章中,将介绍 AutoCAD 2018 的基本图形编辑方法,即"修改"工具栏和"修改"下拉菜单中的"取消和重做""删除和恢复""拷贝""移动""旋转""剪切""延伸""缩放""拉伸""偏移""镜像""打断""阵列""倒角"等。通过使用这些编辑命令,用户可以对图纸进行绘制和修改。通过二维图形的编辑操作,配合绘图命令的使用,可以进一步完成复杂图形对象的绘制工作,并可使用户合理安排和组织图形,保证作图准确、减少重复。因此,对编辑命令的熟练掌握和使用有助于提高设计和绘图的效率。

3.1 选择对象的方法

在图形编辑前,需要对被编辑的图形对象进行选择。AutoCAD 2018 提供了多种对象选择方法,如点取方法、用选择窗口选择对象、用选择线选择对象、用对话框选择对象等,用户可以根据需要选择合适的方法。

注意:调用图形编辑命令前后都可以进行对象选择。AutoCAD 2018 提供了两种编辑图形的途径,一种是先运行编辑命令,然后选择要编辑的对象,另一种是先选择要编辑的对象,然后运行编辑命令。操作时,可以采用三种默认的选择方法(点选、窗口选择和窗交选择)直接进行对象选择,无须任何命令,这是最常用的选择操作,必须熟练掌握。

3.1.1 选择单个实体对象

调用图形编辑命令前后,用户都可以直接选择单个对象,也可以连续选择多个对象。

1）使用拾取框光标（点选）

将拾取框光标移动到要选择的对象上，单击鼠标则选择对象。连续重复该操作，则选择多个对象。

此外，还可以在"工具"主菜单的"选项"命令对话框的"选择"选项卡中调整拾取框的大小。

2）从选择集中删除对象

按住 Shift 键，同时单击已选对象，即可以将其从当前选择集中删除。

3）选择彼此接近或重叠的对象

将拾取框光标移动到接近或重叠的对象上，按住 Shift 键再按空格键锁定所需对象，当所需对象亮显时单击，选择完毕。

3.1.2　选择多个实体对象

1）窗口选择（W）

窗口选择又称矩形窗口选择，选中对象，单击从左向右拖动光标形成矩形窗口，将所选键对象置于矩形窗口内，再单击，完成窗口选择。

2）窗交选择（C）

窗交选择又称交叉窗口选择，单击选中对象，从右向左拖动光标形成矩形窗口，再单击，窗口内以及与窗口相交的对象即可被选择。

3）选择全部目标（All）

输入"Select"命令按回车键，再输入"ALL"并按回车键，即可选择全部目标对象。

4）用多边形窗口选择对象（WP）

用多边形窗口选择对象又称圈围，使用多边形窗口来选择完全位于窗口内的对象。输入"Select"命令找回车键后，再输入 WP 再按回车键，连续单击鼠标左键形成多边形窗口后按回车键，完全位于多边形窗口内的对象将被选择。

5）用交叉多边形窗口选择对象（CP）

用交叉多边形窗口选择对象又称圈交，用于选择部分或完全位于窗口内的对象。输入"Select"命令按回车键后，再输入 CP 并按回车键，连续单击鼠标左键形成多边形窗口后按回车键，则选择位于窗口内的和与窗口相交的对象。

6）用选择栏选择对象（F）

用选择栏选择对象又称栏选，常用于绘制复杂图形。选择栏的外观类似多段线，输入"Select"命令按回车键后，再输入"F"命令并按回车键，连续单击鼠标左键形成多段线后按回车键，可选择与多段线相交的对象。

3.2 放弃与重做命令

3.2.1 放弃命令

用户在绘图和编辑中误用命令后，可立即使用"放弃"命令来取消已执行命令。

"放弃"命令的使用方法有以下四种：

①命令："Undo"（U）

②工具栏："放弃" 按钮。

③菜单："编辑"→"放弃"。

④快捷方式：Ctrl+Z。

"放弃"命令可以无限制地逐级放弃多个操作步骤，直至返回当前图形的初始状态。使用"标准"工具栏"放弃"按钮旁的"放弃"列表可一次性放弃几步操作。

"放弃"命令不仅可以"放弃"绘图操作，还能"放弃"模式设置、图层的创建以及其他操作。

注意：使用"放弃"命令之前，把当前文件保存，备份，以免操作不当造成文件的丢失。

此外，还可以通过按 Esc 键来取消未完成的命令。

3.2.2 重做命令

用户在操作中难免会发生错误操作，使用"重做"命令可对最近一次的错误操作进行补救。

"重做"命令的使用有四种方法：

①命令："Redo"

②工具栏："重做" 按钮。

③菜单："编辑"→"重做"。

④快捷方式：Ctrl+Y。

在使用"放弃"命令后可立即使用"重做"命令，取消"放弃"命令，也可以使"重做"按钮旁的"重做"列表一次性重做几步操作。

注意："重做"命令不可以用"R"命令代替，也不能够往前逐一恢复被放弃的运行结果，在"放弃"命令之后又运行另外的命令，"重做"命令将失效。

3.3 移动与复制命令

3.3.1 移动命令

在一张图纸上,为了调整图形的相对位置和绝对位置,常常需要移动图形的位置,"移动"命令能完成目标对象的位置移动。

"移动"命令的使用方法有三种:

①命令:Move(M)。

②工具栏:"移动"✚按钮。

③菜单:"修改"→"移动"。

"移动"命令执行后,命令行提示详见例3.1。

3.3.2 复制命令

使用"复制"命令可创建与原有对象相同的图形。

"复制"命令的使用方法有三种:

①命令:Copy(Co)。

②工具栏:"复制"按钮。

③菜单:"修改"→"复制"。

"复制"命令运行后,命令行提示详见例题3.1。"复制"命令和"移动"命令用法相同,其区别在于:"复制"命令生效后,会保留原图形;而"移动"命令生效后,不保留原图形。

【例题3.1】使用"移动"和"复制"命令将如图3.1所示的图形改为如图3.2所示的图形。

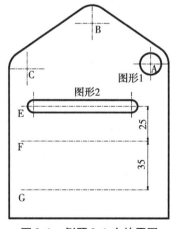

图 3.1 例题 3.1 中的原图

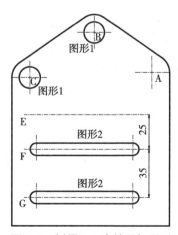

图 3.2 例题 3.1 中的目标图形

运行"移动"命令后,命令行提示如下:

命令:Move ↵	//运行"移动"命令
选择对象:找到 1 个	//选择图形 1
选择对象:↵	//回车结束选择
指定基点或[位移(D)]　<位移>:_int 于	//捕捉交点 A
指定第二个点或<使用第一个点作为位移>:_int 于	//捕捉交点 B
指定第二个点或[退出(E)/放弃(U)]　<退出>:↵	//回车结束命令
命令:Move	//按空格键重复移动命令
选择对象:找到 1 个	//选择图形 2 及垂直中心线
选择对象:找到 1 个,总计 2 个	//选择图形 2 及垂直中心线
选择对象:找到 1 个,总计 3 个	//选择图形 2 及垂直中心线
选择对象:找到 1 个,总计 4 个	//选择图形 2 及垂直中心线
选择对象:找到 1 个,总计 5 个	//选择图形 2 及垂直中心线
选择对象:找到 1 个,总计 6 个	//选择图形 2 及垂直中心线
选择对象:↵	//回车结束选择
指定基点或[位移(D)]　<位移>:0,−25	//输入位移(注意坐标类型)
指定第二个点或<使用第一个点作为位移>:↵	//回车结束命令

运行"复制"命令后,命令行提示如下:

命令:Copy ↵	//输入"复制"命令
选择对象:找到 1 个	//选择图形 1
选择对象:↵	//回车结束选择
指定基点或[位移(D)]　<位移>:_int 于	//捕捉交点 B
指定第二个点或<使用第一个点作为位移>:_int 于	//捕捉交点 C
指定第二个点或[退出(E)/放弃(U)]　<退出>:↵	//回车结束命令
命令:Copy	//按空格键重复复制命令
选择对象:找到 1 个	//选择图形 2 和垂直中心线
选择对象:找到 1 个,总计 2 个	//选择图形 2 和垂直中心线
选择对象:找到 1 个,总计 3 个	//选择图形 2 和垂直中心线
选择对象:找到 1 个,总计 4 个	//选择图形 2 和垂直中心线
选择对象:找到 1 个,总计 5 个	//选择图形 2 和垂直中心线
选择对象:找到 1 个,总计 6 个	//选择图形 2 和垂直中心线
选择对象:↵	//回车结束选择
指定基点或[位移(D)]　<位移>:35<−90	//输入位移(注意坐标类型)
指定第二个点或<使用第一个点作为位移>:↵	//回车结束命令

3.4　删除命令

"删除"命令提供删除功能,通过对象选择从图形中删除对象。此命令使用中,删除对象时,既可以采取"先运行后选择"的方式,也可以采用"先选择后运行"的方式。

"删除"命令的启动方法有三种:

①命令:"Erase"(E)。

②"修改"工具栏的:"删除" ✍ 按钮。

③菜单:"修改"→"删除"。

运行上述任一操作后,命令行提示如下:

选择对象:　　　　　　//可用前面介绍过的选择方法,选择需要删除的对象

选择对象:　　　　　　//按回车键结束

执行"删除"命令后,如果想把所删除的对象还原,可使用"Oops"或"Undo"命令。

注意:"Undo"命令可恢复意外删除的对象,"Oops"命令可恢复最近使用"Erase""Block"或"Wblock"命令所删除的对象。

此外,还可以使用以下方法从图形中删除对象。剪切到剪贴板。

①选中对象,使用快捷方式 Ctrl+X。

②选中对象,按 Delete 键。

3.5　打断命令

"打断"命令可以将一个对象打断为两个部分,从而产生两个对象,使两个对象之间具有间隙;也可以在相同的位置指定两个打断点,使产生的两个对象之间没有间隙。一般情况下,把选择对象的点默认为打断对象的第一个点,也可以用"第一点"选项,将打断点与选择对象的点区分开。

注意:"先选择后运行"的方式不能用于"打断"命令。

如若对圆运行"打断"命令,须将圆上第一个打断点与第二个打断点之间沿逆时针方向的圆弧删除。

"打断"命令的启动方法有三种:

①命令:Break(Br)。

②"修改"工具栏:"打断" ▭ 按钮。

③菜单:"修改"→"打断"。

执行"打断"命令后,命令行提示详见例题3.2。

【例题3.2】使用"打断"命令将如图3.3所示的图形改为如图3.4所示的图形。

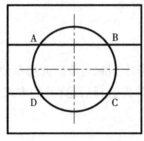 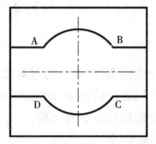

图3.3　例题3.2中原图　　　　　图3.4　例题3.2中目标图形

运行"打断"命令后,命令行提示如下:

命令:Break ↵	//输入"打断"命令
选择对象:	//选择直线 AB
指定第二个打断点　或[第一点(F)]:f↵	//输入 F,回车
指定第一个打断点:_int 于	//捕捉交点 A
指定第二个打断点:_int 于	//捕捉交点 B
命令:Break ↵	//输入"打断"命令
选择对象:	//选择直线 CD
指定第二个打断点　或[第一点(F)]:f↵	//输入 F 回车
指定第一个打断点:_int 于	//捕捉交点 C
指定第二个打断点:_int 于	//捕捉交点 D
命令:Break	//按空格键重复打断命令
选择对象:	//选择圆
指定第二个打断点　或[第一点(F)]:f↵	//输入 F,回车
指定第一个打断点:_int 于	//捕捉交点 A(注意两点顺序)
指定第二个打断点:_int 于	//捕捉交点 D(注意两点顺序)
命令:Break ↵	//输入"打断"命令
选择对象:	//选择圆
指定第二个打断点　或[第一点(F)]:f↵	//输入 F,回车
指定第一个打断点:_int 于	//捕捉交点 C(注意两点顺序)
指定第二个打断点:_int 于	//捕捉交点 B(注意两点顺序)

3.6　修剪与延伸命令

3.6.1　修剪命令

对含有多个对象的图形进行操作时,若要剪切图形对象的一部分,可以使用"修剪"命令。"修剪"命令既可以剪切对象上的多余部分,也可以将对象修剪到隐含剪切边处。

图形对象既可以作为剪切边的边界对象,也可作为被修剪的对象。修剪对象包括圆弧、圆、椭圆、椭圆弧、直线、二维和三维多段线、射线、样条曲线和多线可以被修剪。有效的边界对象包括圆弧、圆、椭圆、椭圆弧、浮动视口边界、直线、二维和三维多段线、射线、面域、样条曲线、文字和多线。

"修剪"命令的启动方法有三种:

①命令:Trim(Tr)。

②"修改"工具栏:"修剪" ✚ 按钮。

③菜单:"修改"→"修剪"。

运行"修剪"命令后,命令行提示如下:

> 命令:Trim
>
> 当前设置:投影＝UCS　　边＝无
>
> 选择剪切边.
>
> 选择对象:　　　　　　　　　　　　　　　　　//选取实体对象作为剪切边界
>
> 选择对象:可继续选取,也可按鼠标右键或回车键结束选取
>
> 选择要修剪的对象或[投影(P)/边(E)/放弃(U)]:　　//选取需要修剪掉的实体对象

该提示行中各选项的含义如下:

①选择要修剪的对象:选取目标对象的剪切部分。

②投影(P):指定运行"修剪"命令的空间。

③边(E):确定修剪方式。运行该选项时,AutoCAD 2018 将提示输入隐含边延伸模式。

输入隐含边延伸模式[延伸(E)/不延伸(N)]<延伸>:

④延伸(E):按延伸的方式剪切。若指定的剪切边界,没有与被剪切边相交,则不能进行剪切,而要将所指定的剪切边界延长,再进行修剪。

⑤不延伸(N):默认项,按剪切边界与剪切边的实际相交情况修剪。如果被剪边与剪切边没有相交,则不进行剪切。

⑥放弃(U):放弃上一次的操作。

应当注意的是,使用"修剪"命令时,第一次选取的实体是作为剪切边界而非被剪实体,第一次选取结束要按鼠标右键或回车键。使用"修剪"命令可以剪切尺寸标注线。圆、圆弧、

多段线等实体既可以作为剪切边界,也可以作为被剪切实体。延伸对象时可以不退出"修剪"命令,按住 Shift 键并选择要延伸的对象即可。

3.6.2　延伸命令

"延伸"命令与"修剪"命令相反,用法与"修剪"命令基本一致,区别是它的功能相反,用"延伸"命令可以拉长或延伸直线或弧,使它与其他的实体相接。线、圆弧、圆、椭圆、椭圆弧、多段线、样条曲线、射线、双向线以及文本等对象均可作为边界线。

运行"延伸"命令有以下三种方法:

①命令:Extend(Ex)。

②"修改"工具栏:"延伸"按——钮。

③菜单:"修改"→"延伸"。

对有宽度的直线段和弧,按原倾斜度延长,如果延长后其末端的宽度出现负值,则其宽度将改变为零。无需退出"延伸"命令就可以修剪对象,按住 Shift 键并选择要修剪的对象即可。

【例题 3.3】使用"修剪"和"延伸"命令将如图 3.5 所示的图形改为如图 3.6 所示的图形。

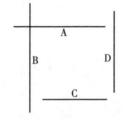

图 3.5　例题 3.3 中的原图

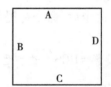

图 3.6　例题 3.3 中的目标图形

运行"修剪"命令后,命令行提示如下:

命令:Trim ↵	//输入"修剪"命令
当前设置:投影=UCS,边=无	//当前设置提示
选择剪切边……	//当前操作提示
选择对象或<全部选择>:找到 1 个	//选择直线 A
选择对象:找到 1 个,总计 2 个	//选择直线 B
选择对象:↵	//回车结束选择
选择要修剪的对象,或按住 Shift 键选择要延伸的对象,或	
[栏选(F)/窗交(C)/投影(P)/边(E)/删除(R)/放弃(U)]:　//选择直线 B	
选择要修剪的对象,或按住 Shift 键选择要延伸的对象,或	
[栏选(F)/窗交(C)/投影(P)/边(E)/删除(R)/放弃(U)]:　//选择直线 A	
选择要修剪的对象,或按住 Shift 键选择要延伸的对象,或	
[栏选(F)/窗交(C)/投影(P)/边(E)/删除(R)/放弃(U)]:↵ //回车结束选择	
命令:Trim	//按空格键重复修剪命令

当前设置:投影=UCS,边=无	//当前设置提示
选择剪切边……	//当前操作提示
选择对象或<全部选择>:找到1个	//选择直线A
选择对象:↵	//回车结束选择

选择要修剪的对象,或按住Shift键选择要延伸的对象,或

[栏选(F)/窗交(C)/投影(P)/边(E)/删除(R)/放弃(U)]:E↵　//输入E回车

输入隐含边延伸模式[延伸(E)/不延伸(N)]　<不延伸>:E↵　　//输入E回车

选择要修剪的对象,或按住Shift键选择要延伸的对象,或

[栏选(F)/窗交(C)/投影(P)/边(E)/删除(R)/放弃(U)]://选择直线D

选择要修剪的对象,或按住Shift键选择要延伸的对象,或

[栏选(F)/窗交(C)/投影(P)/边(E)/删除(R)/放弃(U)]:↵　　//回车结束选择

命令:Trim	//按空格键重复修剪命令
当前设置:投影=UCS,边=无	//当前设置提示
选择剪切边……	//当前操作提示
选择对象或<全部选择>:找到1个	//选择直线C
选择对象:↵	//回车结束选择

选择要修剪的对象,或按住Shift键选择要延伸的对象,或

[栏选(F)/窗交(C)/投影(P)/边(E)/删除(R)/放弃(U)]://选择直线B

选择要修剪的对象,或按住Shift键选择要延伸的对象,或

[栏选(F)/窗交(C)/投影(P)/边(E)/删除(R)/放弃(U)]:↵　　//回车结束选择

运行"延伸"命令后,命令行提示如下:

命令:Extend ↵	//输入"延伸"命令
当前设置:投影=UCS,边=不延伸	//当前设置提示
选择边界的边……	//当前操作提示
选择对象或<全部选择>:找到1个	//选择直线B
选择对象:↵	//回车结束选择

选择要修剪的对象,或按住Shift键选择要延伸的对象,或

[栏选(F)/窗交(C)/投影(P)/边(E)/删除(R)/放弃(U)]://选择直线C

选择要修剪的对象,或按住Shift键选择要延伸的对象,或

[栏选(F)/窗交(C)/投影(P)/边(E)/删除(R)/放弃(U)]:↵　　//回车结束选择

命令:Extend	//按空格键重复延伸命令
当前设置:投影=UCS,边=不延伸	//当前设置提示
选择边界的边……	//当前操作提示
选择对象或<全部选择>:找到1个	//选择直线D
选择对象:↵	//回车结束选择

选择要修剪的对象,或按住Shift键选择要延伸的对象,或

[栏选(F)/窗交(C)/投影(P)/边(E)/删除(R)/放弃(U)]://选择直线A

选择要修剪的对象,或按住 Shift 键选择要延伸的对象,或

[栏选(F)/窗交(C)/投影(P)/边(E)/删除(R)/放弃(U)]:↵　　　//回车结束选择

命令:Extend　　　　　　　　　　　　　　　　　　　　//按空格键重复延伸命令

当前设置:投影=UCS,边=不延伸　　　　　　　　　　　//当前设置提示

选择边界的边……　　　　　　　　　　　　　　　　　//当前操作提示

选择对象或<全部选择>:找到 1 个　　　　　　　　　//选择直线 C

选择对象:找到 1 个,总计 2 个　　　　　　　　　　//选择直线 D

选择对象:↵　　　　　　　　　　　　　　　　　　　//回车结束选择

选择要延伸的对象,或按住 Shift 键选择要修剪的对象,或

[栏选(F)/窗交(C)/投影(P)/边(E)/放弃(U)]:E↵　　　//输入 E 回车

输入隐含边延伸模式[延伸(E)/不延伸(N)] 　<不延伸>:E↵ //输入 E 回车

选择要修剪的对象,或按住 Shift 键选择要延伸的对象,或

[栏选(F)/窗交(C)/投影(P)/边(E)/删除(R)/放弃(U)]:　　//选择直线 C

选择要修剪的对象,或按住 Shift 键选择要延伸的对象,或

[栏选(F)/窗交(C)/投影(P)/边(E)/删除(R)/放弃(U)]:　　//选择直线 D

选择要修剪的对象,或按住 Shift 键选择要延伸的对象,或

[栏选(F)/窗交(C)/投影(P)/边(E)/删除(R)/放弃(U)]:↵//回车结束选择

3.7　旋 转 命 令

在一张图纸中,为保持各个实体与整张图之间的一致常常需要旋转实体。"旋转"命令就是用来运行旋转功能的,它可以根据指定的旋转角度或者一个相对于基准参照角度来旋转对象。其默认方式是在旋转对象时,使用相对于当前方位的旋转角度作为指定的基准点,逆时针旋转角度为正。在旋转对象时,既可以使用"先选择后运行"对象选择方式,也可以使用"先运行后选择"对象选择方式。

运行"旋转"命令有以下三种方法:

①命令:Rotate(Ro)。

②工具栏:"旋转" ○ 按钮。

③菜单:"修改"→"旋转"。

用上述几种任一方式输入后,AutoCAD 2018 将提示:

选择对象:　　　　　　　　　　　　　　//选取要旋转的实体对象

选择对象:↵　　　　　　　　　　　　　//回车结束选择(也可继续选取对象)

指定基点:　　　　　　　　　　　　　　//确定旋转基点对象

指定旋转角度或[参照(R)]:30 ↵　　　　//回车结束命令

该提示行中各选项的含义如下：

①旋转角度：默认项，输入旋转角度值（0 到 360°），还可以按弧度、百分度或勘测方向输入角度值。用户若直接输入角度值，则 AutoCAD 2018 将所选实体绕旋转基点，按指定的角度值进行旋转。角度值前面有"+"或没有符号时，则实体按逆时针方向旋转；角度值前面有"−"，则实体按顺时针方向旋转。输入正角度值时按逆时针或顺时针旋转对象，这取决于"图形单位"对话框中的"方向控制"设置。

②参照（R）：运行该选项，表示将所选对象以参考方式进行旋转，同时将提示指定参考角。

③指定参考角<0>：输入参考方向的角度值。

④指定新角度：输入相对于参考方向的角度值。

执行该选项可避免用户进行繁琐的计算。

【例题 3.4】使用"旋转"命令将如图 3.7 所示的图形改为如图 3.8 所示的图形。

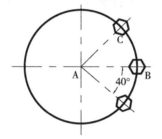 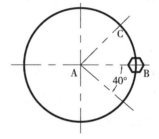

图 3.7　例题 3.4 中的原图　　　　图 3.8　例题 3.4 中的目标图形

运行"旋转"命令后，命令行提示如下：

命令：Rotate ↵	//输入"旋转"命令
UCS 当前的正角方向：ANGDIR = 逆时针 ANGBASE = 0	//当前设置提示
选择对象：找到 1 个	//选择正六边形
选择对象：↵	//回车结束选择
指定基点：_cen 于	//捕捉圆心 A
指定旋转角度，或［复制（C）/参照（R）］<0>：C↵	//输入 C 回车
指定旋转角度，或［复制（C）/参照（R）］<0>：−40 ↵	//输入−40 回车（注意角度正负）
命令：Rotate	//按空格键重复旋转命令
UCS 当前的正角方向：ANGDIR = 逆时针 ANGBASE = 0	//当前设置提示
选择对象：找到 1 个	//选择正六边形
选择对象：↵	//回车结束选择
指定基点：_cen 于	//捕捉圆心 A
指定旋转角度，或［复制（C）/参照（R）］<0>：C ↵	//输入 C 回车
指定旋转角度，或［复制（C）/参照（R）］<320>：R ↵	//输入 R 回车
指定参照角<0>：_cen 于	//捕捉圆心 A（注意三点顺序）
指定第二点：_int 于	//捕捉交点 B（注意三点顺序）
指定新角度或［点（P）]<0>：_int 于	//捕捉交点 C（注意三点顺序）

3.8　比例缩放命令

该命令可按用户的需要将任意图形放大或缩小,而不需重画。既可以通过指定一个比例因子来修改对象的大小,也可以参照一个基准比例因子来操作修改。"比例缩放"命令将更改选定对象的所有标注尺寸。

可以使用"先运行后选择"或"先选择后运行"对象选择方式。如果要进行 X、Y 方向不同比例缩放,可以先将这些对象转换成一个块,然后将它们按 X、Y 方向不同的比例因子进行比例缩放。

运行"比例缩放"命令有以下三种方法:

①在命令行输入 Scale 或 SC 并按回车键。

②单击"修改"工具栏的"比例缩放"□按钮。

③菜单:"修改"→"比例缩放"。

用上述三种方式中任一种方式输入,则 AutoCAD 2018 会提示:

选择对象:	//选取要缩放的对象
选择对象:↵	//回车结束选择(也可继续选取)
指定基点:	//选取基点
指定比例因子或[参照(R)]:2↵	//回车结束命令

该提示行中各选项的含义如下:

①指定比例因子:比例因子位于 0～1 之间,则对象缩小;比例因子大于 1,则对象放大。该选项为默认项,若用户直接输入数值,则直接运行该选项,AutoCAD 2018 将把所选实体按该比例因子相对于基点进行缩放。

②参照(R):将所选实体按参考的方式缩放。运行该选项时,AutoCAD 2018 将提示指定参考长度。

③指定参考长度<1>:输入参考长度的值。

④指定新长度:输入新的长度值。

运行完以上操作后,AutoCAD 2018 会根据参考长度的值自动计算比例因子,然后进行相应的缩放。

【例题 3.5】使用"比例缩放"命令将如图 3.9 所示的图形改为如图 3.10 所示的图形。

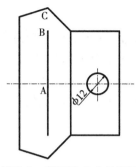

图3.9　例题3.5中的原图

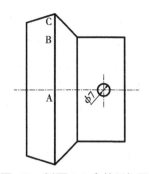

图.10　例题3.5中的目标图形

运行"比例"命令后,命令行提示如下:

命令:Scale ↵	//输入"比例缩放"命令
选择对象:找到1个	//选择圆
选择对象:找到1个,总计2个	//选择 **Φ**12 尺寸
选择对象:↵	//回车结束选择
指定基点:_cen 于	//捕捉圆心
指定比例因子或[复制(C)/参照(R)] <1.0000>:7/12↵	//输入比例因子回车
命令:Scale ↵	//按空格键重复比例缩放命令
选择对象:找到1个	//选择直线
选择对象:↵	//回车结束选择
指定基点:_int 于	//捕捉交点 A
指定比例因子或[复制(C)/参照(R)] <0.5833>:R↵	//输入 R 回车
指定参照长度<1.0000>:_int 于	//捕捉交点 A(注意三点顺序)
指定第二点:_endp 于	//捕捉端点 B(注意三点顺序)
指定新的长度或[点(P)] <1.0000>:_int 于	//捕捉交点 C(注意三点顺序)

3.9　对齐命令

　　"对齐"命令可以移动、旋转、缩放对象,使其与另一个对象对齐,因此,"对齐"命令是移动命令、旋转命令及缩放命令的组合。尽管"对齐"命令经常用在三维空间中对齐对象,但在二维空间中同样可以用"对齐"命令对齐对象。不能将"先选择后运行"对象选择方式用于"对齐"命令。

　　该命令首先提示选择要移动的对象,然后提示指定最多三对点,每对点包括一个源点和一个目标点,对齐的结果将根据这些点之间的相互关系得来。

　　在二维空间对齐对象时,可以仅使用两对点。第一对用来点定义对象的移动。对象将被移动,以便第一个源点与目标点相匹配,如果用按回车键的方式代替指定第二个源点,该命令将会结束。对象将被移动,但是保持它原来的对齐方式。

第二对点用来定义源对象的旋转角度。对象被对齐,以便第一个源点和第二个源点之间绘制的一条直线与第一个目标点和第二个目标点之间绘制的假想线对齐,如果随后按回车键而没有指定第三个源点,该命令将询问是否基于对齐点缩放对象。"对齐"命令使用第一个目标点和第二个目标点之间的距离确定缩放比例因子,缩放对象仅在使用两对点对齐对象时有效。

运行"对齐"命令有以下两种方法:

①命令:Align(Al)。

②菜单:"修改"→"三维操作"→"对齐"。

运行"对齐"命令后,命令行提示如下:

命令:Align(Al) ↵	
选择对象:	//选取对象
选择对象:	//可继续选取,也可回车结束选择
指定第一个源点:	//选择要改变位置的对象上的一点
指定第一个目标点:	//选择第一目的点
指定第二个源点:	//可直接回车,所选对象的位置发生

平移,已选择的第一点与第一目的点在平移后重合;也可选择移动对象上的一点。

指定第二个目标点:	//确定第二目的点
指定第三个源点或<继续>:	//二维图形按回车键不用指定第三

个源点。则所选对象位置改变,且对象上的第一点与第一目的点重合,对象上的第二点位于第一目的点与第二目的点的连线上。

是否基于对齐点缩放对象? [是(Y)/否(N)]　<否>:Y ↵　　　//对齐命令使用第一个目标点和第二个目标点之间的距离确定缩放比例因子。

【例题 3.6】使用"对齐"命令将如图 3.11 所示的图形改为如图 3.12 所示的图形。

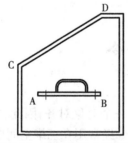

图 3.11　例题 3.6 中的原图　　　　图 3.12　例题 3.6 中的目标图形

运行"对齐"命令后,命令行提示如下:

命令:Align ↵	//输入"对齐"命令
选择对象:指定对角点:找到 8 个	//选择中间图形
选择对象:↵	//回车结束选择
指定第一个源点:_int 于	//捕捉交点 A

指定第一个目标点：_int 于	//捕捉交点 C
指定第二个源点：_int 于	//捕捉交点 B
指定第二个目标点：_int 于	//捕捉交点 D
指定第三个源点或<继续>：↵	//回车
是否基于对齐点缩放对象？［是(Y)/否(N)］　<否>：Y ↵	//输入 Y 回车

3.10　拉伸命令

　　"拉伸"命令可以在一个方向上按用户确定的尺寸拉伸图形。在拉伸对象时，必须使用交叉窗口或交叉多边形的方式选择对象。穿过交叉窗口或交叉多边形窗口边界的对象将被拉伸，完全位于交叉窗口中的对象或单独选定的对象仅被移动。因此，当交叉窗口完全包含选定的对象时，"拉伸"命令与移动命令作用相同。

　　"拉伸"命令可以使用"先运行后选择"对象选择方式，也可以使用"先选择后运行"对象选择方式。选取实体时，对由 Line、Arc、Trace、Solid 和 Pline 命令绘制的直线段或圆弧段，若整个实体都位于选取窗口内，则运行的结果是对其进行移动。若只有一端在选取窗口内，另一端在选取窗口外，则遵循如下的拉伸规则：

　　①对于线、等宽线、区域填充等图形，窗口外的端点不动，窗口内的端点移动，从而改变图形。

　　②对于圆弧，窗口外的端点不动，窗口内的端点移动，圆弧的弦高保持不变，从而改变图形。

　　③对于多段线，与直线、圆弧相似，同时，多段线的两端宽度切线方向以及曲线拟合信息都不改变。

　　④对于圆、形、块、文本和属性定义，如果其定义点位于选取窗口内，则对象被移动，否则不动。

　　不同的实体的定义点也有所不同，具体说明如下：

　　①圆，定义点为圆心。

　　②形和块，定义点为插入点。

　　③文本，定义点为字符串的基线左端点。

　　运行"拉伸"命令有以下三种方法：

　　①命令：Stretch(S)。

　　②"修改"工具栏："拉伸" 按钮。

　　③菜单："修改"→"拉伸"。

　　用上述任一方法输入命令后，AutoCAD 2018 将提示：(注意对比移动命令)

以交叉窗口或交叉多边形选择要拉伸的对象.

选择对象：	//选取对象
选择对象：↵	//回车结束选择(也可继续选取)
指定基点或位移：	//选基点
指定位移的第二点：	//选择基线上的第二点结束命令

【例题 3.7】使用"拉伸"命令将如图 3.13 所示的图形改为如图 3.14 所示的图形。

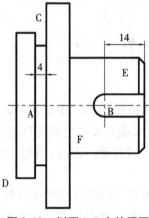 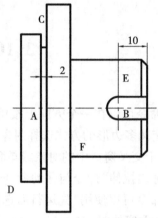

图 3.13　例题 3.7 中的原图　　　　　　图 3.14　例题 3.7 中的目标图形

运行"拉伸"命令后,命令行提示如下：

命令：Stretch ↵	//输入"拉伸"命令
以交叉窗口或交叉多边形选择要拉伸的对象……	//当前操作提示
选择对象：指定对角点：找到 11 个	//交叉窗口 CD 选择对象
选择对象：↵	//回车结束选择
指定基点或[位移(D)] <位移>：2,0	//输入位移
指定第二个点或<使用第一个点作为位移>：↵	//回车结束命令

命令：Stretch	//按空格键重复拉伸命令
以交叉窗口或交叉多边形选择要拉伸的对象……	//当前操作提示
选择对象：指定对角点：找到 7 个	//交叉窗口 EF 选择对象
选择对象：	//回车结束选择
指定基点或[位移(D)] <位移>：_int 于	//捕捉交点 B
指定第二个点或<使用第一个点作为位移>：<极轴开> 4 ↵	//极轴追踪 0 度,输入 4 回车

3.11 倒角与圆角命令

3.11.1 倒角命令

"倒角命令"可连接两个不平行的对象,通过延伸或修剪使这些对象相交或用斜线连接。可以为直线、多段线、射线和构造线(参照线)进行倒角。

在创建倒角时,可以指定距离以确定每一条直线应该被修剪或延伸的总量,或指定倒角的长度以及它与第一条直线形成的角度。"倒角"命令更擅长处理多段线,它不仅可以处理一条多段线的两个相交片段,还可以处理整条的多段线。

运行"倒角"命令有以下三种方法:

①命令:Chamfer(Cha)。

②"修改"工具栏:"倒角" ⌐ 按钮。

③菜单:"修改"→"倒角"。

用上述方法中任一种命令后,AutoCAD 2018 将提示:

("修剪"模式) 当前倒角距离 1＝0.0000,距离 2＝0.0000

选择第一条直线或[放弃(U)/多段线(P)/距离(D)/角度(A)/修剪(T)/方式(E)/多个(M)]:

该提示行中各选项的含义如下:

①选择第一条直线:默认项。若单击一条线,则直接运行该选项,同时会提示选择第二条直线。

②选择第二条直线:在此提示下,选取相邻的另一条线,AutoCAD 2018 就会对这两条线进行倒角,并以第一条线的距离为第一个倒角距离,以第二条线的距离为第二个倒角距离。

如果选择的两个倒角对象是一条多段线的两个线段,则它们必须相邻或仅隔一个弧线段。如果它们被弧线段间隔,倒角命令将删除此弧并用倒角线替换它。

③放弃(U):放弃上一步操作。

④多段线(P):表示对整条多段线进行倒角。此时,整条多段线每个交点都被倒角,并且只对那些长度满足倒角距离的线段进行倒角。

运行该选项时 AutoCAD 2018 会提示选择二维多段线。

⑤选择二维多段线:选取多段线。则 AutoCAD 2018 对多段线的各个顶点倒角。

⑥距离(D):确定倒角时的倒角距离。倒角距离是每个对象与倒角线相接或与其他对象相交而需进行修剪或延伸的长度。如果两个倒角距离都为0,则倒角操作将修剪或延伸这两个对象直至它们相交,但不创建倒角线。选择对象时可以按住 Shift 键,用0值替代当前的倒角距离。运行该选项时,AutoCAD 2018 将提示指定第一个倒角距离。

⑦指定第一个倒角距离<0.0000>:输入第一条边的倒角距离值。

⑧指定第二个倒角距离<0.0000>:输入第二条边的倒角距离值。

用户设定的第一条边与第二条边的倒角距离可以一样,也可以不一样。此时,AutoCAD 2018 结束该命令的运行,若要继续进行倒角操作,则需再次运行"倒角"命令。

⑨角度(A):根据一个倒角距离和一个角度进行倒角。运行该选项时,会提示指定第一条直线的倒角长度。

⑩指定第一条直线的倒角长度<1.0000>:确定第一条边的倒角距离。

⑪指定第一条直线的倒角角度<0>:输入一个角度。

此时,AutoCAD 2018 结束该命令的运行,若要继续进行倒角操作,则需再次执行"倒角"命令。

⑫修剪(T):确定倒角时是否对相应的倒角也进行修剪。运行该选项,会提示是否修剪。

修剪/不修剪<修剪>:

修剪:倒角后对倒角边进行修剪。

不修剪:倒角后对倒角边不进行修剪。

⑬方式(E):确定按两个倒角距离方式还是一个距离一个角度方式创建倒角。运行该选项时 AutoCAD 2018 会提示输入距离或角度。

距离/角度<距离>:

距离:按已确定的两条边的倒角距离进行倒角。

角度:按已确定的一条边的距离和相应角度的方式进行倒角。

⑭多个(M):可一次创建多个斜角。AutoCAD 2018 会重复提示"选择第一条直线"和"选第二条直线",直到用户按回车键结束。

应当注意的是,若两条直线平行或发散,则不能作出倒角。当两个倒角距离均为零时,"倒角"命令延伸所选定的两条的直线直至其相交,不产生倒角。

3.11.2　圆角命令

使用 AutoCAD 2018 提供的"圆角"命令,可用一个指定半径的圆弧把两个对象光滑地连接起来。可以对成对的直线、多段线的直线段、圆、圆弧、射线或构造线进行圆角,也可以对互相平行的直线、构造线和射线进行圆角。"圆角"命令更擅长处理多段线,它不仅可以处理一条多段线的两个相交片段,还可以处理整条多段线。

运行"圆角"命令有以下三种方法:

①命令:Fillet(F)。

②"修改"工具栏:"圆角" ⬜ 按钮。

③菜单:"修改"→"圆角"。

用上述任一方法命令输入后,AutoCAD 2018 将提示:

当前设置:模式=不修剪,半径=0.0000

选择第一个对象或[放弃(U)/多段线(P)/半径(R)/修剪(T)/多个(M)]:

该提示行中各选项的含义如下:

选择第一个对象:默认项。若直接单击线,AutoCAD 2018 会提示选择第二个对象。

选择第二个对象:在此提示下选取相邻的另外一条线,AutoCAD 2018 就会按指定的圆角半径对其圆角。

如果对直线和多段线进行圆角,每条直线或其延长线必须与一个多段线的直线段相交。如果打开"修剪"选项,则进行圆角的对象和圆角弧合并形成单独的新多段线。

可以为平行直线、参照线和射线圆角。临时调整当前圆角半径以创建与两个对象相切且位于两个对象的共有平面上的圆弧。第一个选定的对象必须是直线或射线,第二个选定的对象可以是直线、构造线或射线。

放弃(U):放弃上一步操作。

多段线(P):对二维多段线圆角。此时 AutoCAD 2018 会提示选择二维多段线。

选择二维多段线:选取多段线,则 AutoCAD 2018 将按指定的圆角半径在该多段线各个顶点处进行圆角处理。可以为整个多段线加圆角或从多段线中删除圆角。如果设置一个非零的圆角半径,"圆角"命令将在长度满足圆角半径的各个顶点处插入圆角弧。

半径(R):确定圆角操作的圆角半径。圆角半径是连接被圆角对象的圆弧半径,修改圆角半径将影响后续的圆角操作。如果设置圆角半径为0,则被圆角的对象将被修剪或延伸直到它们相交,并不创建圆弧。选择对象时,可以按住 Shift 键,以便使用 0 值替代当前圆角半径。运行该选项时 AutoCAD 2018 将提示指定圆角半径。

指定圆角半径<0.0000>:输入圆角的圆角半径值。此时,系统结束该命令的运行,若要进行圆角的操作,则需再次运行"圆角"命令。

修剪(T):确定圆角是否修剪边界。运行该选项时会提示是否修剪。

修剪/不修剪<修剪>:

修剪:表示在圆角的同时对相应的两条边进行修剪;

不修剪:表示在圆角的同时对相应的两条边不进行修剪。

多个(M):可一次创建多个圆角。AutoCAD 2018 会重复提示"选择第一条直线"和"选择第二条直线",直到用户按回车键结束。

注意:若圆角的半径太大,则不能进行圆角;若两条直线分散,则不能进行圆角;若对两平行线圆角,AutoCAD 2018 自动将圆角的半径定为两条平行线间距的一半。

【例题3.8】使用"倒角"和"圆角"命令将如图3.15所示的图形改为如图3.16所示的图形。

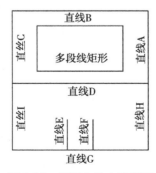

图 3.15 例题 3.8 中的原图

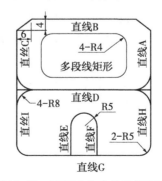

图 3.16 例题 3.8 中的目标图形

运行"倒角"命令后,命令行提示如下:

命令:Chamfer ↵ //输入"倒角"命令
("修剪"模式) 当前倒角距离 1＝0.0000,距离 2＝0.0000 //当前设置提示
选择第一条直线或[放弃(U)/多段线(P)/距离(D)/角度(A)/修剪(T)/方式(E)/多
个(M)]:D↵ //输入 D 回车
指定第一个倒角距离<3.0000>:6 ↵ //输入 6 回车
指定第二个倒角距离<6.0000>:4 ↵ //输入 4 回车
选择第一条直线或 [放弃(U)/多段线(P)/距离(D)/角度(A)/修剪(T)/方式(E)/
多个(M)]: //选择直线 B
选择第二条直线,或按住 Shift 键选择要应用角点的直线: //选择直线 A
命令:Chamfer //按回车键重复倒角命令
("修剪"模式) 当前倒角距离 1＝6.0000,距离 2＝4.0000 //当前设置提示
选择第一条直线或 [放弃(U)/多段线(P)/距离(D)/角度(A)/修剪(T)/方式(E)/
多个(M)]: //选择直线 B
选择第二条直线,或按住 Shift 键选择要应用角点的直线: //选择直线 C

运行"圆角"命令后,命令行提示如下:

命令:Fillet ↵ //输入"圆角"命令
当前设置:模式＝修剪,半径＝0.0000 //当前设置提示
选择第一个对象或[放弃(U)/多段线(P)/半径(R)/修剪(T)/多个(M)]:R↵ //
输入 R 回车
指定圆角半径<6.0000>:5 ↵ //输入 5 回车
选择第一个对象或[放弃(U)/多段线(P)/半径(R)/修剪(T)/多个(M)]:M↵ //
输入 M 回车
选择第一个对象或[放弃(U)/多段线(P)/半径(R)/修剪(T)/多个(M)]: //选择
直线 H
选择第二个对象,或按住 Shift 键选择要应用角点的对象: //选择直线 G
选择第一个对象或[放弃(U)/多段线(P)/半径(R)/修剪(T)/多个(M)]: //选择
直线 I
选择第二个对象,或按住 Shift 键选择要应用角点的对象: //选择直线 G
选择第一个对象或[放弃(U)/多段线(P)/半径(R)/修剪(T)/多个(M)]: //选择
直线 E
选择第二个对象,或按住 Shift 键选择要应用角点的对象: //选择直线 F
选择第一个对象或[放弃(U)/多段线(P)/半径(R)/修剪(T)/多个(M)]:↵ //回
车结束命令
命令:Fillet //按回车键重复圆
角命令
当前设置:模式＝修剪,半径＝5.0000 //当前设置提示

选择第一个对象或[放弃(U)/多段线(P)/半径(R)/修剪(T)/多个(M)]:R↵   //
输入 R 回车

指定圆角半径<5.0000>:4↵   //输入 4 回车

选择第一个对象或[放弃(U)/多段线(P)/半径(R)/修剪(T)/多个(M)]:P↵   //
输入 P 回车

选择二维多段线: //选择多段线矩形

命令:Fillet   //按回车键重复圆角命令

当前设置:模式=修剪,半径=4.0000   //当前设置提示

选择第一个对象或[放弃(U)/多段线(P)/半径(R)/修剪(T)/多个(M)]:R↵   //
输入 R 回车

指定圆角半径<4.0000>:8↵   //输入 8 回车

选择第一个对象或[放弃(U)/多段线(P)/半径(R)/修剪(T)/多个(M)]:M↵   //
输入 M 回车

选择第一个对象或[放弃(U)/多段线(P)/半径(R)/修剪(T)/多个(M)]:T↵   //
输入 T 回车

输入修剪模式选项[修剪(T)/不修剪(N)]   <修剪>:N↵   //输入 N 回车

选择第一个对象或[放弃(U)/多段线(P)/半径(R)/修剪(T)/多个(M)]:   //选择
直线 A

选择第二个对象,或按住 Shift 键选择要应用角点的对象: //选择直线 D

选择第一个对象或[放弃(U)/多段线(P)/半径(R)/修剪(T)/多个(M)]:   //选择
直线 H

选择第二个对象,或按住 Shift 键选择要应用角点的对象: //选择直线 D

选择第一个对象或[放弃(U)/多段线(P)/半径(R)/修剪(T)/多个(M)]:   //选择
直线 C

选择第二个对象,或按住 Shift 键选择要应用角点的对象: //选择直线 D

选择第一个对象或[放弃(U)/多段线(P)/半径(R)/修剪(T)/多个(M)]:   //选择
直线 I

选择第二个对象,或按住 Shift 键选择要应用角点的对象: //选择直线 D

选择第一个对象或[放弃(U)/多段线(P)/半径(R)/修剪(T)/多个(M)]:↵   //回
车结束命令

3.12 绘制均布、对称几何图形

3.12.1 阵列命令

在 AutoCAD 2018 中,可以通过"阵列"命令多重复制对象。在一张图形中,当需要把一个实体组成矩形方阵或环形方阵时,"阵列"命令可完成这一操作。

对于矩形阵列,可以控制行和列的数目以及它们之间的距离;对于环形阵列,可以控制对象副本的数目并决定是否旋转副本。对于创建多个固定间距的对象,阵列比复制要快。

运行"阵列"命令有以下三种方法:

①命令:Array(Ar)。

②"修改"工具栏:"阵列" ⊞⊞ 按钮。

③菜单:"修改"→"阵列"。

用上述任一方法输入命令,AutoCAD 2018 将打开"阵列"对话框,可以在该对话框中设置以矩形阵列或者环形阵列方式多重复制对象。

1)矩形阵列

在"阵列"对话框中,选择"矩形阵列"单选按钮,可以用矩形阵列方式复制对象,具体参数设置如图 3.17 所示。此时将沿当前捕捉旋转角度定义的基线创建矩形阵列,该角度的默认设置为 0,因此矩形阵列的行和列与图形的 X 和 Y 轴正交。默认角度 0 的方向设置可以在"units"命令中修改。阵列得到的图形对象是否关联通过"关联"按钮控制。

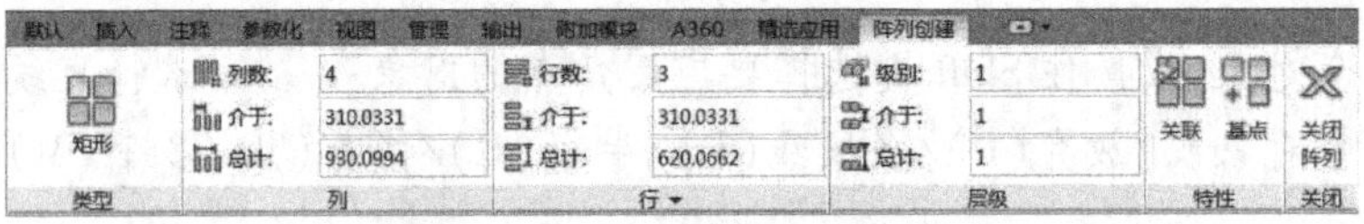

默认	插入	注释	参数化	视图	管理	输出	附加模块	A360	精选应用	阵列创建			
		⊞ 列数:	4		昌 行数:	3		級别:	1				
矩形		介于:	310.0331		昌I 介于:	310.0331		介于:	1		关联	基点	关闭阵列
		总计:	930.0994		昌I 总计:	620.0662		总计:	1				
类型		列			行 ▾			层级			特性		关闭

图 3.17 "矩形阵列"对话框

注意:如果行间矩为正数,则阵列由原图向上排列;反之,向下排列。如果列间矩为正数,则阵列由原图向右排列;反之,向左排列。如果按单位网格阵列,则单位网格上两点的位置及单击的先后顺序确定了阵列方式。

【例题 3.9】使用"矩形阵列"将如图 3.18 所示的图形改为如图 3.19 所示的图形。

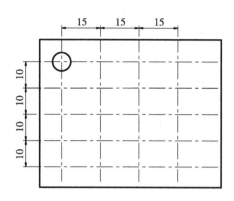

15
15
15
10
10
10
10

图 3.18　例题 3.9 中的原图

15
15
15
10
10
10
10

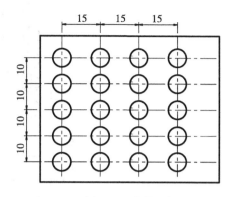

图 3.19　例题 3.9 中的目标图形

运行“阵列”命令后，命令行提示如下：

命令：AR ↵　　　　　　　　　　　　　　　　//输入“阵列”命令

ARRAY

选择对象：找到 1 个

选择对象：输入阵列类型[矩形(R)/路径(PA)/极轴(PO)]　<矩形>：r

类型＝矩形　关联＝否

选择夹点以编辑阵列或[关联(AS)/基点(B)/计数(COU)/间距(S)/列数(COL)/行数(R)/层数(L)/退出(X)]　<退出>：COL

输入列数数或[表达式(E)]　<4>：4

指定　列数　之间的距离或[总计(T)/表达式(E)]<10.5>：15

选择夹点以编辑阵列或[关联(AS)/基点(B)/计数(COU)/间距(S)/列数(COL)/行数(R)/层数(L)/退出(X)]　<退出>：R

输入行数数或[表达式(E)]　<3>：5

指定　行数　之间的距离或[总计(T)/表达式(E)]<10.5>：-10

指定　行数　之间的标高增量或[表达式(E)]<0>：＊取消＊　　　//按“ESC”键结束“阵列”命令

工具栏上弹出的“矩行阵列”对话框如图 3.20 所示，输入行：5；列：4；行偏移：-10（注意正负）；列偏移：15（注意正负）。单击“关闭”按钮，结束“矩行阵列”命令。如果行偏移设置为 10，阵列后得到的图形如图 3.21 所示。

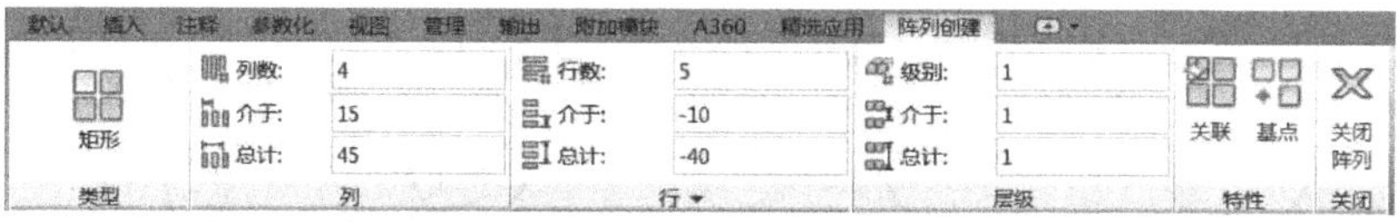

默认
插入
注释
参数化
视图
管理
输出
附加模块
A360
精选应用
阵列创建
矩形
列数: 4
介于: 15
总计: 45
行数: 5
介于: -10
总计: -40
级别: 1
介于: 1
总计: 1
关联
基点
关闭阵列
类型
列
行
层级
特性
关闭

图 3.20　“矩行阵列”对话框

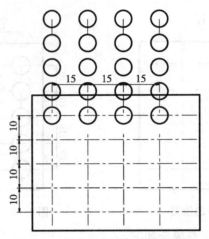

图 3.21　行偏移设置后的阵列图形

2）环形阵列

在"阵列"对话框中,选择"环形阵列"单选按钮,可以用环形阵列方式复制图形,具体参数设置如图 3.22 所示。创建环形阵列时,阵列按逆时针或顺时针方向绘制,取决于"方向"按钮是否打开,如果"方向"按钮是打开状态,则表示沿逆时针方向绘制环形阵列;如果"方向"按钮是关闭状态,则表示沿顺时针方向绘制环形阵列。

图 3.22　"环形阵列"对话框中的参数设置

进行环形阵列时,每个对象都取其自身的一个参照点为基点,绕阵列中心,旋转一定的角度。对不同类型的对象,参照点的取法不同,具体如下:直线、样条曲线、等宽线可取某一端点;多段线、样条曲线可取第一个端点;块、形可取插入点;文本则取文本定位基点。

阵列的半径由指定中心点与参照点或与最后一个选定对象上的基点之间的距离决定。可以使用默认参照点(通常是与捕捉点重合的任意点),或指定一个要用作参照点的新基点。

【例题 3.10】使用"环形阵列"将如图 3.23 所示的图形改为如图 3.24 所示的图形。

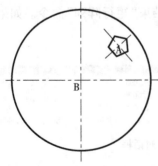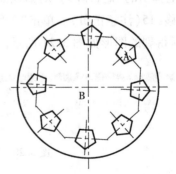

图 3.23　例题 3.10 中的原图　　　　图 3.24　例题 3.10 中的目标图形

运行"阵列"命令后,命令行提示如下:

命令:AR ↵   //输入"阵列"命令

ARRAY

选择对象:找到 1 个

选择对象:找到 1 个,总计 2 个

选择对象:找到 1 个,总计 3 个

选择对象:输入阵列类型[矩形(R)/路径(PA)/极轴(PO)]　<极轴>:po　　//选择环形阵列

类型=极轴　关联=否

类型=极轴　关联=否

指定阵列的中心点或[基点(B)/旋转轴(A)]:　　　//鼠标点取图中所示 B 点

选择夹点以编辑阵列或[关联(AS)/基点(B)/项目(I)/项目间角度(A)/填充角度(F)/行(ROW)/层(L)/旋转项目(ROT)/退出(X)]　<退出>:I

输入阵列中的项目数或[表达式(E)] <6>:8

选择夹点以编辑阵列或[关联(AS)/基点(B)/项目(I)/项目间角度(A)/填充角度(F)/行(ROW)/层(L)/旋转项目(ROT)/退出(X)]　<退出>:A

指定项目间的角度或[表达式(EX)] <45>:45

选择夹点以编辑阵列或[关联(AS)/基点(B)/项目(I)/项目间角度(A)/填充角度(F)/行(ROW)/层(L)/旋转项目(ROT)/退出(X)]　<退出>:F

指定填充角度(+=逆时针、-=顺时针)或[表达式(EX)] <360>:360

选择夹点以编辑阵列或[关联(AS)/基点(B)/项目(I)/项目间角度(A)/填充角度(F)/行(ROW)/层(L)/旋转项目(ROT)/退出(X)]　<退出>: * 取消 *　　//按"ESC"键结束"阵列"命令

工具栏上弹出的"环形阵列"对话框如图 3.25 所示,输入项目数:8;项目间的角度:45;填充角度:360(注意正负)。单击"关闭"按钮,结束"环形阵列"命令。

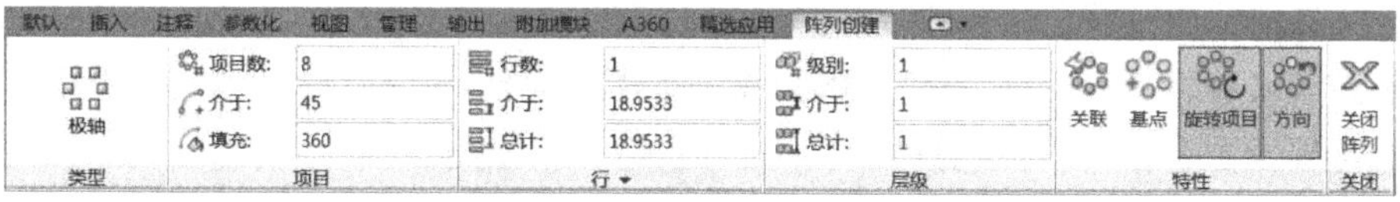

图 3.25　"环形阵列"对话框(一)

如果"环形阵列"对话框如图 3.26 所示进行设置,项目间的角度:45;填充角度:225,关闭"方向"按钮,则五边形从 A 点开始以 B 点为中心点沿顺时针方向绘制环形阵列,阵列后得到的图形如图 3.27 所示。

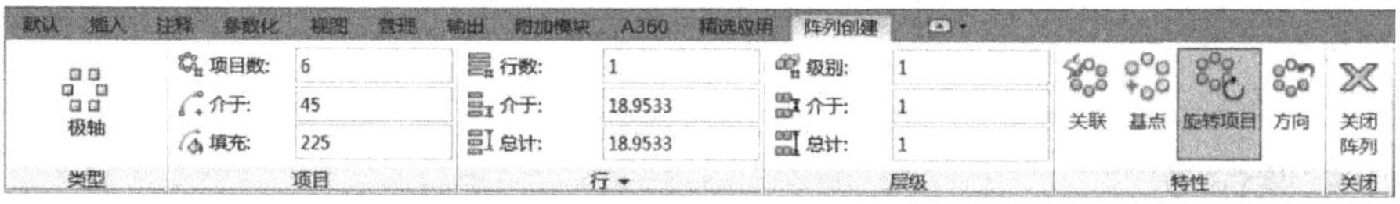

图 3.26　"环形阵列"对话框(二)

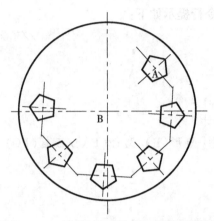

图 3.27　五边形沿顺时针方向绘制环形阵列

运行"阵列"命令后,命令行提示如下:

命令:AR ↵　　　　　　　　　　　//输入"阵列"命令

ARRAY

选择对象:找到 1 个

选择对象:找到 1 个,总计 2 个

选择对象:找到 1 个,总计 3 个

选择对象:输入阵列类型[矩形(R)/路径(PA)/极轴(PO)]　<极轴>:po

类型=极轴　关联=否

指定阵列的中心点或 [基点(B)/旋转轴(A)]:

选择夹点以编辑阵列或[关联(AS)/基点(B)/项目(I)/项目间角度(A)/填充角度(F)/行(ROW)/层(L)/旋转项目(ROT)/退出(X)]　<退出>:I

输入阵列中的项目数或[表达式(E)]<6>:6

选择夹点以编辑阵列或[关联(AS)/基点(B)/项目(I)/项目间角度(A)/填充角度(F)/行(ROW)/层(L)/旋转项目(ROT)/退出(X)]　<退出>:A

指定项目间的角度或[表达式(EX)]<60>:60

选择夹点以编辑阵列或[关联(AS)/基点(B)/项目(I)/项目间角度(A)/填充角度(F)/行(ROW)/层(L)/旋转项目(ROT)/退出(X)]　<退出>:A

指定项目间的角度或[表达式(EX)]<60>:45

选择夹点以编辑阵列或[关联(AS)/基点(B)/项目(I)/项目间角度(A)/填充角度(F)/行(ROW)/层(L)/旋转项目(ROT)/退出(X)]<退出>:

选择夹点以编辑阵列或[关联(AS)/基点(B)/项目(I)/项目间角度(A)/填充角度(F)/行(ROW)/层(L)/旋转项目(ROT)/退出(X)]　<退出>:＊取消＊　　//按"ESC"键结束"阵列"命令

3.12.2　镜像命令

在绘图过程中常需绘制对称图形,此时用户只需绘制一半图形,然后使用"镜像"命令将其镜像,如此可提高绘图速度。在镜像一个对象时,可以保留或删除原始对象。使用"镜像"命令时,可以使用"先运行后选择"或者"先选择后运行"的对象选择方式。

运行"镜像"命令有以下三种方法:

①命令:Mirror(Mi)。

②"修改"工具栏:"镜像"按 钮。

③菜单:"修改"→"镜像"。

用上述任一方法输入命令,则 AutoCAD 2018 会提示:

选择对象:选取欲镜像的对象。

选择对象:也可继续选取。

指定镜像线的第一点:选取镜像线上的一点。

指定镜像线的第二点:选取镜像线上的另外一点。

是否删除源对象?[是(Y)/否(N)]<N>:若直接按回车键,则表示在绘出所选对象的镜像图形的同时保留原来的对象;若输入 Y 后再按回车键,则绘出所选对象的镜像的同时还要把源对象删除。

对文本做镜像时,可以有两种结果:一种为文本完全镜像;另一种是文本可读镜像,即文本的外框作镜像,文本在框中的书写格式仍然可读。前者是我们所不希望的,后者是我们所求的,这两种状态由系统变量 Mirrtext 控制,若系统变量 Mirrtext 的值为 1,文本则作完全镜像;若系统变量 Mirrtext 的值为 0,文本则作可读方式镜像。

Mirrtext 会影响使用 Text、Attdef 或 Mtext 命令、属性定义和变量属性创建的文字。镜像插入块时,作为插入块一部分的文字和常量属性都将被反转,而忽略 Mirrtext 设置。

【例题 3.11】使用"镜像"命令将如图 3.28 所示的图形改为如图 3.29 所示的图形。

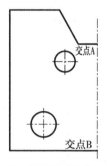
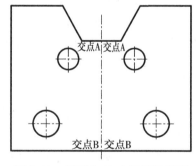

图 3.28　例题 3.11 中的原图　　　　图 3.29　例题 3.11 中的目标图形

运行"镜像"命令后,命令行提示如下:

命令:Mirror ↵	//输入"镜像"命令
选择对象:指定对角点:找到 13 个	//选择图形(除对称中心线)
选择对象:↵	//回车结束选择
指定镜像线的第一点:_int 于	//捕捉交点 A
指定镜像线的第二点:_int 于	//捕捉交点 B
要删除源对象吗?[是(Y)/否(N)] <N>:↵	//回车结束命令

3.13 夹点编辑

选取编辑对象后,在被选取对象的关键点上会出现若干个小方格,这些小方格称为该对象的夹点(又称关键点)。用户可利用夹点编辑功能编辑对象,即拖动这些夹点快速拉伸、移动、旋转、缩放或镜像对象。

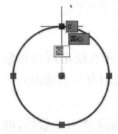

图 3.30 激活夹点

要使用夹点编辑对象,首先选择要修改的对象,以显示这些对象的夹点。要开始进行编辑,单击鼠标左键选取其中一个夹点(又称激活夹点),被激活夹点称为热点或基础夹点,颜色为红色,激活夹点可以使 AutoCAD 2018 进入夹点编辑模式,如图 3.30 所示激活夹点。

进入夹点编辑模式后,按空格键或回车键,可以循环调用五个夹点编辑命令,或者键入快捷键(如"移动"命令键入 MO)来调用夹点编辑命令,还可以从右键快捷菜单中选择夹点编辑命令。选中一个热点后,单击右键,显示出快捷菜单,其中包括夹点编辑命令。

夹点编辑快捷键:夹点拉伸 ST,夹点缩放 SC,夹点移动 MO,夹点镜像 MI,夹点旋转 RO。

可以激活多个夹点作为操作的热点。激活多个夹点(也称为多个热点选择)时,选定的夹点间对象的形状将保持原样。要选择多个热点,请按住 Shift 键,然后激活适当的夹点。

对于圆和椭圆上的象限夹点,通常从中心点而不是选定的夹点测量距离。例如,在夹点拉伸模式中,可以选择象限夹点拉伸圆,然后在新半径的命令行中指定距离,距离从圆心而不是选定的象限进行测量。如果选择圆心点拉伸圆,则圆会移动。

3.13.1 夹点拉伸

夹点拉伸与前面介绍的拉伸命令功能相似。默认情况下,夹点拉伸将把对象拉伸或移动,因为对于某些夹点,夹点拉伸只能移动对象而不能拉伸对象,如文字、块、直线中点、圆心、椭圆中心和点对象上的夹点,这是移动块参照和调整标注的好方法。

注意:对斜线和曲线使用夹点拉伸将改变斜率和曲率。

用户可以通过以下方法使用夹点拉伸:

在不运行任何命令的情况下选择对象,显示其夹点,然后单击选择其中一个夹点,即激活夹点,AutoCAD 2018 命令行将显示如下提示信息:

＊＊拉伸＊＊

指定拉伸点或[基点(B)/复制(C)/放弃(U)/退出(X)]:

该提示行中各选项含义如下所示:

指定拉伸点:默认项。指定基点被拉伸后的新位置。用户可以通过输入点的坐标或移动光标的方式指定新的位置,AutoCAD 2018 则把选定的对象拉伸或移动到新的位置。

基点(B):允许用户指定任意一点为基点,利用它进行拉伸操作。

运行该选项时,AutoCAD 2018 会提示:

指定基点:单击任一点。AutoCAD 2018 会以用户确定的一点作为基点进行拉伸操作。

复制(C):允许用户拉伸的同时复制对象。

放弃(U):取消上一次的操作,可连续使用。

退出(X):退出当前的操作。

【例题 3.12】使用夹点拉伸将如图 3.31 所示的图形改为如图 3.32 所示的图形。

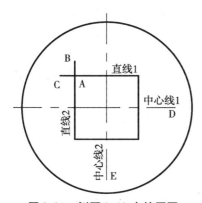

图 3.31　例题 3.12 中的原图

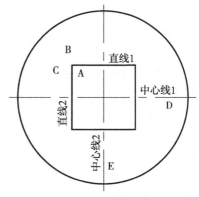

图 3.32　例题 3.12 中的目标图形

	//选择直线 1
*拉伸**	//激活夹点 C
指定拉伸点或[基点(B)/复制(C)/放弃(U)/退出(X)]:_int 于	//捕捉交点 A
	//选择直线 2
*拉伸**	//激活夹点 B
指定拉伸点或[基点(B)/复制(C)/放弃(U)/退出(X)]:_int 于	//捕捉交点 A
	//选择中心线 1
*拉伸**	//激活夹点 D
指定拉伸点或[基点(B)/复制(C)/放弃(U)/退出(X)]:<正交开>　//打开正交,拉伸热点 D	
	//选择中心线 2
*拉伸**	//激活夹点 E
指定拉伸点或[基点(B)/复制(C)/放弃(U)/退出(X)]:	//拉伸热点 E
命令:*取消*	//按 ESC 键退出夹点编辑

3.13.2　夹点移动

夹点移动与前面介绍的移动命令功能相似,即把对象从当前的位置移动到新位置,同时还可以进行多次复制。移动对象仅仅是位置上的平移,对象的方向和大小并不会改变。要精确地移动对象,可使用坐标、夹点和对象捕捉模式。

可以通过以下方法使用夹点移动:

在不运行任何命令的情况下选择对象,显示其夹点,然后单击选择其中一个夹点,即激活夹点。激活夹点并按回车键或直接键入 MO 命令后,AutoCAD 2018 则运行夹点移动命令,命令行将显示如下提示信息:

移动

指定移动点或[基点(B)/复制(C)/放弃(U)/退出(X)]:

该提示行中各选项的含义如下:

指定移动点:默认项,指定平移的目的点。可以通过输入点的坐标或移动光标的方式给定新的位置,AutoCAD 2018 则以基点为平移的起始点,以输入的点为终止点,将所选对象平移到新的位置。

基点(B):指定任一点为基点,并利用它进行平移操作。运行该选项时,AutoCAD 2018 会提示指定基点。

指定基点:单击一点。AutoCAD 2018 会以单击的点作为基点进行平移。

复制(C):允许用户平移的同时复制对象。

放弃(U):取消上一次操作。

退出(X):退出当前操作。

【例题 3.13】使用夹点移动将如图 3.33 所示的图形改为如图 3.34 所示的图形。

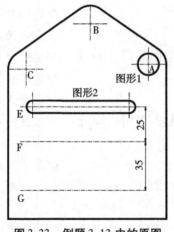

图 3.33　例题 3.13 中的原图

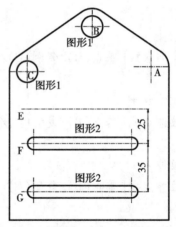

图 3.34　例题 3.13 中的目标图形

```
                                              //选择图形 1
  **拉伸**                                    //激活夹点 A
  指定拉伸点或[基点(B)/复制(C)/放弃(U)/退出(X)]:mo↵  //输入 MO 回车
  **移动**
  指定移动点或[基点(B)/复制(C)/放弃(U)/退出(X)]:_int 于 //捕捉交点 B
  **拉伸**                                    //激活夹点 B
  指定拉伸点或[基点(B)/复制(C)/放弃(U)/退出(X)]:mo↵  //输入 MO 回车
```

＊＊移动＊＊

指定移动点或［基点(B)/复制(C)/放弃(U)/退出(X)］:c↵　　　//输入 C 回车

＊＊移动(多重)　　＊＊

指定移动点或［基点(B)/复制(C)/放弃(U)/退出(X)］:_int 于//捕捉交点 C

＊＊移动(多重)　　＊＊

指定移动点或［基点(B)/复制(C)/放弃(U)/退出(X)］:　　　　//回车结束命令

命令:＊取消＊　　　　　　　　　　　　　//按 ESC 键退出夹点编辑

　　　　　　　　　　　　　　　　//选择图形 2 和垂直中心线

＊＊拉伸＊＊　　　　　　　　　　　　　//激活任何一个夹点

指定拉伸点或［基点(B)/复制(C)/放弃(U)/退出(X)］:mo↵ //输入 MO 回车

＊＊移动＊＊

指定移动点或［基点(B)/复制(C)/放弃(U)/退出(X)］:@0,−25↵　　//输入@0,−25
回车

＊＊拉伸＊＊　　　　　　　　　　　　　//激活任何一个夹点

指定拉伸点或［基点(B)/复制(C)/放弃(U)/退出(X)］:mo↵ //输入 MO 回车

＊＊移动＊＊

指定移动点或［基点(B)/复制(C)/放弃(U)/退出(X)］:c↵　　//输入 C 回车

＊＊移动(多重)　　＊＊

指定移动点或［基点(B)/复制(C)/放弃(U)/退出(X)］:@0,−35↵　　//输入@0,−35
回车

＊＊移动(多重)　　＊＊

指定移动点或［基点(B)/复制(C)/放弃(U)/退出(X)］:↵　　　//回车结束命令

命令:＊取消＊　　　　　　　　//按 ESC 键退出夹点编辑

3.13.3　夹点旋转

　　夹点旋转与前面介绍的旋转命令功能相似,即把所选实体绕统一基点旋转一定角度,也可以进行多次拷贝。

　　默认情况下,输入旋转的角度值后或通过拖动方式确定旋转角度后,即可将对象绕基点旋转指定的角度。也可以选择"参照"选项,以参照方式旋转对象,这与"旋转"命令中的"对照"选项功能相同。

　　可以通过以下方法使用夹点旋转:

　　在不运行任何命令的情况下选择对象,显示其夹点,然后单击选择其中一个夹点,即激活夹点。激活夹点后,通过键入"R"或"RO"或按两次回车键,即可进入夹点旋转命令,AutoCAD 2018 命令行将显示如下提示信息:

　　＊＊旋转＊＊

指定旋转角度或［基点(B)/复制(C)/放弃(U)/参照(R)/退出(X)］:

该提示行中各选项的含义如下:

指定旋转角度:默认项,用来指定旋转的角度。用户既可直接输入角度值,也可"拖动"十字光标的方式确定旋转角度。AutoCAD 2018 则把用户所选定的实体绕特征基点旋转给定的角度。

参照(R):以参考的方式旋转物体,与前面介绍的旋转命令中的参照(R)功能相似。

基点(B):指定一点为基点,并围绕该点进行旋转操作。

复制(C):进行旋转的同时复制对象。

其余各项与其它夹点编辑的含义相同,不再具体介绍。

【例题 3.14】使用夹点旋转将如图 3.35 所示的图形改为如图 3.36 所示的图形。

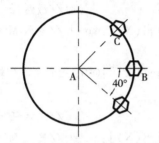 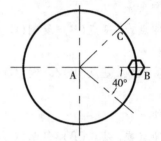

图 3.35　例题 3.14 中的原图　　　　图 3.36　例题 3.14 中的目标图形

```
                                                   //选择六边形
  **拉伸**                                         //激活任何一个夹点
指定拉伸点或[基点(B)/复制(C)/放弃(U)/退出(X)]:R↵    //输入 R 或 RO 回车
  **旋转**
指定旋转角度或[基点(B)/复制(C)/放弃(U)/参照(R)/退出(X)]:B↵    //输入 B
回车
指定基点:_cen 于                                   //捕捉圆心 A
  **旋转**
指定旋转角度或[基点(B)/复制(C)/放弃(U)/参照(R)/退出(X)]:C↵      //输入
C 回车
  **旋转(多重)  **
指定旋转角度或[基点(B)/复制(C)/放弃(U)/参照(R)/退出(X)]:-40↵     //输入
-40 回车
  **旋转(多重)  **
指定旋转角度或[基点(B)/复制(C)/放弃(U)/参照(R)/退出(X)]:R↵       //输入
R 或 RO 回车
指定参照角<0>:_cen 于                              //捕捉圆心 A
指定第二点:_int 于                                 //捕捉交点 B
  **旋转(多重)  **
指定新角度或[基点(B)/复制(C)/放弃(U)/参照(R)/退出(X)]:_int 于     //捕捉
交点 C
```

＊＊旋转(多重)　＊＊

指定新角度或[基点(B)/复制(C)/放弃(U)/参照(R)/退出(X)]:↵　//回车结束命令

命令:＊取消＊　　　　　　　　　　　　　　　　　　//按 ESC 键退出夹点编辑

3.13.4　夹点缩放

夹点缩放与前面介绍的"比例缩放"命令功能相似,对所选实体进行缩放。默认情况下,当确定了缩放的比例因子后,AutoCAD 2018 将相对于基点对对象进行缩放操作,当比例因子大于 1 时放大对象;当比例因子大于 0 而小于 1 时缩小对象。或者通过从基夹点向外拖动并指定点位置来增大对象尺寸,或通过向内拖动减小对象尺寸。

可以通过以下方法使用夹点缩放:

在不运行任何命令的情况下选择对象,显示其夹点,然后单击选择其中一个夹点,即激活夹点。激活夹点后,通过键入 SC 或按三次回车键的方式即可运行夹点缩放命令,AutoCAD 2018 命令行将显示如下提示信息:

＊＊比例缩放＊＊

指定比例因子或[基点(B)/复制(C)/放弃(U)/参照(R)/退出(X)]:

该提示行中各选项的含义如下:

指定比例因子:默认项,用来指定缩放的比例系数,可直接输入比例系数的值,也可用"拖动"光标的方式给定比例系数。

参照(R):用参考的方式对对象进行缩放,与前面比例缩放命令中的参照(R)功能相似。

其余各项与其他夹点编辑的含义相同,不再具体介绍。

【例题 3.15】使用夹点缩放将如图 3.37 所示的图形改为如图 3.38 所示的图形。

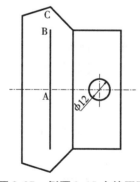
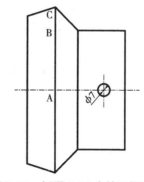

图 3.37　例题 3.15 中的原图　　　　图 3.38　例题 3.15 中的目标图形

　　　　　　　　　　　　　　　　　　　　　　　　　//选择圆及其尺寸

＊＊拉伸＊＊　　　　　　　　　　　　　　　　　　//激活圆心夹点

指定拉伸点或[基点(B)/复制(C)/放弃(U)/退出(X)]:SC↵　//输入 SC 回车

＊＊比例缩放＊＊

指定比例因子或[基点(B)/复制(C)/放弃(U)/参照(R)/退出(X)]:7/12↵　//输入

7/12 回车

命令：＊取消＊   //按 ESC 键退出夹点编辑

//选择直线 AB

＊＊拉伸＊＊   //激活夹点 A

指定拉伸点或［基点（B）/复制（C）/放弃（U）/退出（X）］:SC↵   //输入 SC 回车

＊＊比例缩放＊＊

指定比例因子或［基点（B）/复制（C）/放弃（U）/参照（R）/退出（X）］:R↵   //输入
R 回车

指定参照长度<1.0000>:_int 于   //捕捉交点 A

指定第二点:_endp 于   //捕捉端点 B

＊＊比例缩放＊＊

指定新长度或［基点（B）/复制（C）/放弃（U）/参照（R）/退出（X）］:_int 于   //捕捉
交点 C

命令：＊取消＊   //按 ESC 键退出夹点编辑

3.13.5　夹点镜像

夹点镜像与前面介绍的镜像命令功能相似,即把所选对象按指定的镜像线作镜像变换,所选的对象可以保留也可以删除,还可以进行多次拷贝。

可以通过以下方法使用夹点镜像：

在不运行任何命令的情况下选择对象,显示其夹点,然后单击选择其中一个夹点,即激活夹点。对所选对象激活夹点后,键入 MI 或按四次回车键,即可运行夹点镜像命令,AutoCAD 2018 命令行将显示如下提示信息：

＊＊镜像＊＊

指定第二点或　［基点(B)/复制(C)/放弃(U)/退出(X)］:

该提示行中各选项的含义如下所示：

指定第二点:默认项。用户可直接输入点的坐标,或用"拖动"光标的方式给定一点,则AutoCAD 2018 根据该点和基点(作为镜像线上的第一点)确定镜像线,对用户所选对象进行镜像变换。

其余各项与其他夹点编辑的含义相同,不再具体介绍。

【例题 3.16】使用夹点镜像将如图 3.39 所示的图形改为如图 3.40 所示的图形。

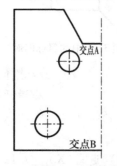
图 3.39　例题 3.16 中的原图

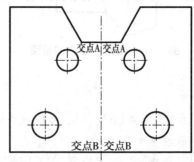
图 3.40　例题 3.16 中的目标图形

```
                                                    //选择图形(除对称中心线)
＊＊拉伸＊＊                                          //激活夹点 A
指定拉伸点或[基点(B)/复制(C)/放弃(U)/退出(X)]:MI↵      //输入 MI 回车
＊＊镜像＊＊
指定第二点或[基点(B)/复制(C)/放弃(U)/退出(X)]:C↵       //输入 C 回车
＊＊镜像(多重)　＊＊
指定第二点或[基点(B)/复制(C)/放弃(U)/退出(X)]:_int 于    //捕捉交点 B
＊＊镜像(多重)　＊＊
指定第二点或[基点(B)/复制(C)/放弃(U)/退出(X)]:↵         //回车结束命令
命令:＊取消＊                                         //按 ESC 键退出夹点编辑
```

实训项目 3

3.1　编辑如图 3.41 所示的平面图形。

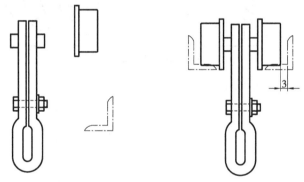

图 3.41　题 3.1 图

3.2　编辑如图 3.42 所示的平面图形。

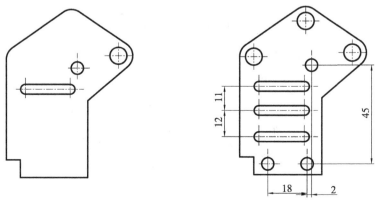

图 3.42　题 3.2 图

3.3　绘制如图 3.43 所示的平面图形。

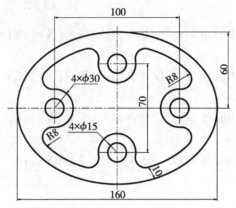

图 3.43　题 3.3 图

3.4　编辑如图 3.44 所示的平面图形。

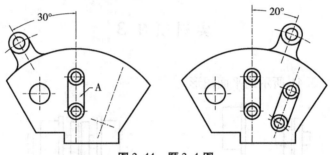

图 3.44　题 3.4 图

3.5　编辑如图 3.45 所示的平面图形。

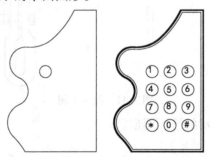

图 3.45　题 3.5 图

3.6　编辑如图 3.46 所示的平面图形。

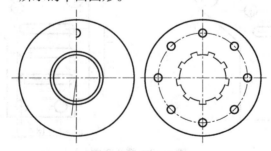

图 3.46　题 3.6 图

3.7　编辑如图 3.47 所示的平面图形。

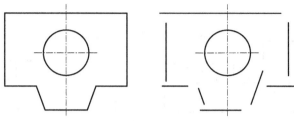

图 3.47　题 3.7 图

3.8　编辑如图 3.48 所示的平面图形。

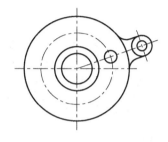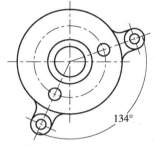

图 3.48　题 3.8 图

3.9　绘制如图 3.49 所示的平面图形。

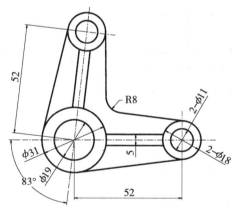

图 3.49　题 3.9 图

3.10　编辑如图 3.50 所示的平面图形。

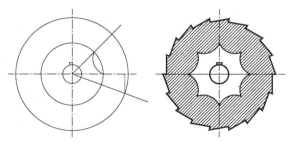

图 3.50　题 3.10 图

3.11 编辑如图 3.51 所示的平面图形。

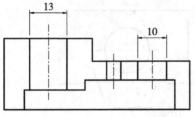
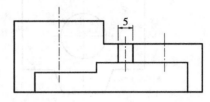

图 3.51 题 3.11 图

3.12 编辑如图 3.52 所示的平面图形。

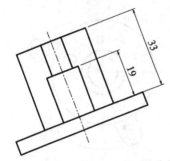

图 3.52 题 3.12 图

3.13 编辑如图 3.53 所示的平面图形。

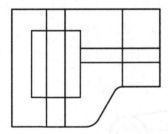
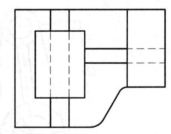

图 3.53 题 3.13 图

3.14 编辑如图 3.54 所示的平面图形。

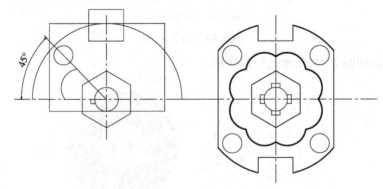

图 3.54 题 3.14 图

3.15 编辑如图 3.55 所示的平面图形。

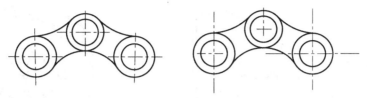

图 3.55 题 3.15 图

3.16 编辑如图题 3.56 所示的平面图形。

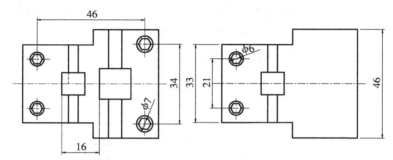

图 3.56 题 3.16 图

3.17 编辑如图题 3.57 所示的平面图形。

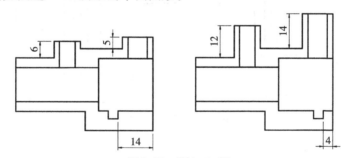

图 3.57 题 3.17 图

3.18 编辑如图题 3.58 所示的平面图形。

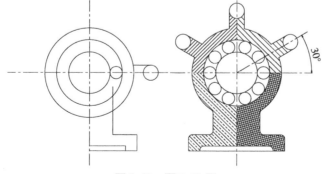

图 3.58 题 3.18 图

3.19 编辑如图题 3.59 所示的平面图形。

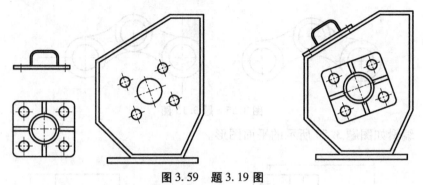

图 3.59 题 3.19 图

3.20 编辑如图题 3.60 所示的平面图形。

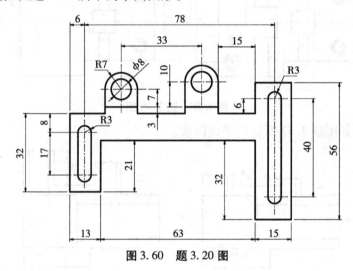

图 3.60 题 3.20 图

第4章　复杂平面图形的画法

前面介绍了基本绘图命令和图形元素的编辑命令,本章将介绍绘制复杂平面图形的一般方法。

工程图样都是由平面图形构成的,因此必须了解平面图形的作图方法,才能熟练地进行绘制,顺利完成设计任务。只有采用合理的绘图方法和步骤进行绘图,才能快速准确地完成图样设计,取得事半功倍的效果。

4.1　布尔运算

在 AutoCAD 2018 中,可以将由某些对象围成的封闭区域转换为面域。这些封闭区域可以是由圆弧、直线、二维多段线、椭圆弧、样条曲线等对象围成,但应保证相邻对象由公共端点连接,否则将不能创建域。

4.1.1　创建面域

创建面域有以下三种方法:

①菜单:"绘图"→"面域"命令。

②"绘图"工具栏:"面域" 按钮。

③命令:Region(Reg)命令。

接下来,选择一个或多个用于转换为面域的封闭图形,然后按下 Enter 键确定,即可将它们转换为面域。因为圆、多边形等封闭图形属于线框模型,而面域属于实体模型,因此它们在被选中时夹点的表现的形式也不相同,其区别如图 4.1 所示。

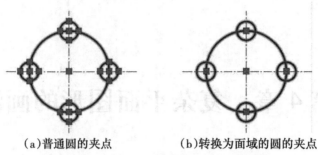

(a)普通圆的夹点　　　　(b)转换为面域的圆的夹点

图4.1　一般封闭图形和面域的夹点的差别

执行"面域"命令，命令行提示如下：

命令：REGION ↵

窗口(W)　套索　按空格键可循环浏览选项找到7个

选择对象：↵

已提取5个环。

已创建5个面域。

通过"绘图"→"边界"或命令"Bowndary(Bo)"，也可以使用打开的"边界创建"对话框来定义面域，如图4.2所示。此时，在"对象类型"下拉列表框中选择"面域"选项，单击"确定"按钮，所创建一个面域，而不是边界。

图4.2　"边界创建"对话框

4.1.2　面域的布尔运算

适用布尔运算的对象只包括实体和共面的面域，对普通的线条图形对象无法使用布尔运算。使用"修改"→"实体编辑"子菜单中的相关命令，可以对面域进行如下的布尔运算。

(1)并运算 Union(Uni)

创建面域的并集，连续选择要进行并运算操作的面域对象，然后按下 Enter 键确定，即可将所有参与运算的面域合并为一个新面域，如图4.3(b)所示。

(2)差运算 Subtract(Su)

创建面域的差集，先选择"要从中减去的实体或面域"对象，再选择"要减去的实体或面

域"对象,然后按下 Enter 键确定,即可从一个面域中减去另一个或多个面域,如图 4.3(c)
所示。

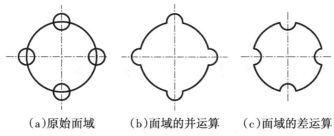

(a)原始面域　　　(b)面域的并运算　　　(c)面域的差运算

图 4.3　面域的并运算与差运算

(3)交运算 Intersect(In)

创建多个面域的交集,同时选择两个或两个以上面域对象,然后按下 Enter 键确定,即可
求出选中面域相交的公共部分,如果对图 4.4(a)中的原始面域进行交运算,会得到如图 4.4
(b)所示的结果。但是,如果对图 4.3(a)中的原始面域进行交运算,则会提示"创建了空面
域-已删除",因为此时五个面域的交集为空集。

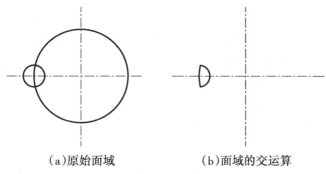

(a)原始面域　　　　　　(b)面域的交运算

图 4.4　面域的交运算

4.1.3　从面域中提取数据

从表面上看,面域和一般的封闭线框没有区别,就像是一张没有厚度的纸。实际上,面
域是二维实体模型,它不但包含边的
信息,还包含边界内的信息。面域具
有面积、周长、形心等几何属性,可以
利用这些信息计算工程属性,如面积、
质心、惯性等。

在 AutoCAD 2018 中,以下任意一
种操作都能使系统切换到"AutoCAD
文本窗口",显示面域对象的数据特
性,如图 4.5 所示。

①菜单:"工具"→"查询"→"面

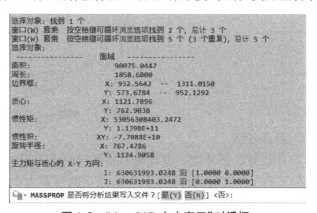

图 4.5　"AutoCAD 文本窗口"对话框

域/质量特性"命令。

②命令："Massprop"。

4.2 绘制复杂平面图形的方法

平面图形一般由直线、圆弧、多边形等多种图形元素构成,作图时需对图形作一些分析后才能确定作图的顺序,下面是平面图形的绘图步骤归纳。

①分析图形。分析图形主要包括确定图形定位基准线、确定已知线段、确定连接线段等内容。

②设置绘图环境。绘图前应进行绘图区域、单位、图层等设置。

③画基准线。通过绘制主要定位基准线来完成图样布局,图样绘制完成后如果布局不合理,可再进行调整。

④绘制已知线段。已知线段是指尺寸能确定其形状和位置的线段,可以直接绘制出来。

⑤绘制连接线段。连接线段必须依赖与已知线段的连接关系才能绘制出来。

⑥修饰平面图形。使用打断"Break"、修剪"Trim"、延伸"Extend"等命令调整线段长度,使用其他命令进行最后编辑修改。

下面举例来说明如何绘制复杂的平面图形。

【例题4.1】 绘制图4.6所示平面图形。

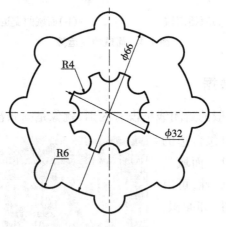

图4.6 例题4.1中的平面图形

操作步骤:

①设置绘图环境。设置图形界限:A4(297,210);显示图形界限:利用缩放命令"Zoom"(Z)将整个图形范围设置为显示成当前的屏幕大小(键盘输入"A"后按回车键);将对象捕捉模式设置为交点和圆心。

②设置图层。建立粗实线和点划线两个图层。

③画基准线。作水平和垂直两条中心线,如图4.7所示。

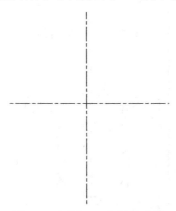

图4.7　例题4.1中画基准线

④绘制基本图形。绘制 $\phi66$、$\phi32$、$\phi12$ 和 $\phi8$ 四个圆,如图4.8所示。

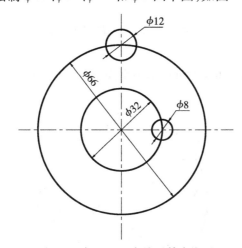

图4.8　例题4.1中绘制基本图形

⑤创建四个面域。绘制 $\phi66$、$\phi32$、$\phi12$ 和 $\phi8$ 四个圆,命令行提示如下:

命令:region ↵	
选择对象:找到1个	//选择 $\phi66$ 圆
选择对象:找到1个,总计2个	//选择 $\phi32$ 圆
选择对象:找到1个,总计3个	//选择 $\phi12$ 圆
选择对象:找到1个,总计4个	//选择 $\phi8$ 圆
选择对象:↵	
已提取4个环。	
已创建4个面域。	

⑥阵列。对两个小圆做环行阵列操作,阵列对象选 $\phi12$ 和 $\phi8$ 二个圆,阵列中心点选择 $\phi66$ 圆的圆心,阵列创建对话框的设置如图4.9所示。阵列后的图形,如图4.10所示。

	项目数:	8		行数:	1		级别:	1				
极轴	介于:	45		介于:	64.5		介于:	1	关联	基点	旋转项目	方向
	填充:	360		总计:	64.5		总计:	1				
类型	项目			行 ▾			层级			特性		

图 4.9　例题 4.1 中的"阵列"对话框

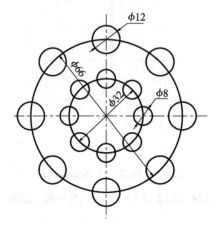

图 4.10　例题 4.1 中阵列后的图形

⑦进行布尔运算。

a. 对面域进行差运算 Subtract(Su):求出里面部分图形,如图 4.11 所示。

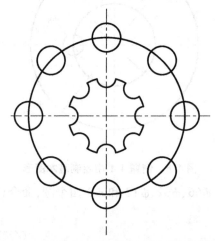

图 4.11　例题 4.1 中面域进行差运算后的图形

执行"差运算"命令,命令行提示如下:

命令:su ↵	
SUBTRACT 选择要从中减去的实体或面域……	//选择 ϕ32 圆
选择对象:找到 1 个	
选择对象:选择要减去的实体或面域……	//选择 8 个 ϕ8 圆
选择对象:↵	//回车结束命令

b. 对面域进行并运算 Union(Uni):求出外面部分图形,如图 4.12 所示。

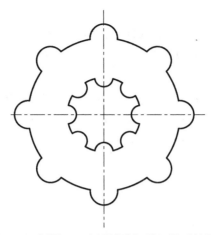

图4.12　例题4.1中面域进行并运算后的图形

执行"并运算"命令,命令行提示如下:

命令:uni ↵

UNION

选择对象:找到1个

选择对象:找到1个,总计2个

选择对象:找到1个,总计3个

选择对象:找到1个,总计4个

选择对象:找到1个,总计5个

选择对象:找到1个,总计6个

选择对象:找到1个,总计7个

选择对象:找到1个,总计8个

选择对象:找到1个,总计9个

选择对象:↵　　　　　　　//回车结束命令

【**例题4.2**】　绘制图4.13所示平面图形。

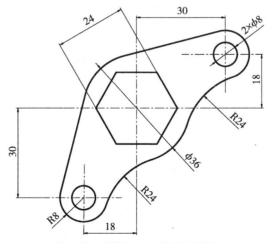

图4.13　例题4.2中的平面图形

操作步骤：

①设置绘图环境。设置图形界限：A4(297,210)；显示图形界限：利用缩放命令"Zoom"(Z)将整个图形范围设置为显示成当前的屏幕大小(键盘输入"A"后按回车键)；对象捕捉模式设置为交点和圆心。

②分析图形。图形定位基准线、确定已知线段、确定连接线段。

③画基准线。用直线"Line(L)"命令和偏移"Offset(O)"命令绘制作图基准线，偏移距离如图4.14所示，注意其位置要使图形布局合理。

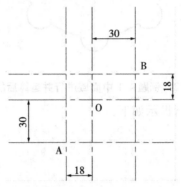

图4.14   例题4.2中绘制基准线

④绘制已知线段。用画圆"Circle(C)"命令和"From"捕捉方法捕捉圆心绘制 $\phi36$ 圆、两个 $\phi8$ 圆和两个 R8 圆，用正多边形"Polygon(POL)"命令画正六边形，如图4.15所示。

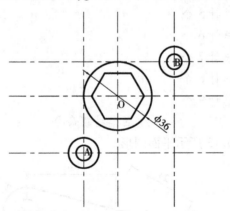

图4.15   例题4.2中绘制已知线段

画正六边形的命令提示如下：

命令:POL ↵

POLYGON 输入侧面数<4>:6 ↵

指定正多边形的中心点或[边(E)]:   //捕捉交点 O 单击

输入选项[内接于圆(I)/外切于圆(C)] <I>:c ↵

指定圆的半径:12 ↵

⑤绘制连接线段。用直线命令"line(L)"画公切线、用画圆命令"circle(C)"中的 TTR 选项画圆弧或用圆角"Fillet(F)"命令绘制与实体相切的圆弧，如图4.16所示。

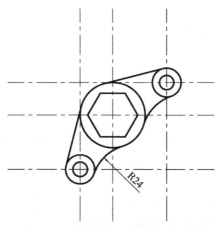

图 4.16　例题 4.2 中绘制连接线段

用圆角"Fillet(F)"命令绘制两段 R24 圆弧的命令提示如下：

命令:F ↵　　　　　　　　　　　　　　　　　　//按空格键重复圆角命令
FILLET
当前设置:模式=修剪,半径=0
选择第一个对象或[放弃(U)/多段线(P)/半径(R)/修剪(T)/多个(M)]:t ↵
输入修剪模式选项[修剪(T)/不修剪(N)]　<修剪>:n ↵
选择第一个对象或[放弃(U)/多段线(P)/半径(R)/修剪(T)/多个(M)]:r ↵
指定圆角半径<0>:24 ↵
选择第一个对象或[放弃(U)/多段线(P)/半径(R)/修剪(T)/多个(M)]:　//单击 R8 圆
选择第二个对象,或按住 Shift 键选择要应用角点的对象:　　//单击 φ36 圆
命令:FILLET　　　　　　　　　　　　　　　　//按空格键重复圆角命令
当前设置:模式=不修剪,半径=24
选择第一个对象或[放弃(U)/多段线(P)/半径(R)/修剪(T)/多个(M)]:
　　　　　　　　　　　　　　　　　　　　　　//单击 φ36 圆
选择第二个对象,或按住 Shift 键选择要应用角点的对象:　//单击 R8 圆

⑥修齐整平面图形。用修剪"Trim(Tr)"命令修剪多余的图线,如图 4.17 所示;

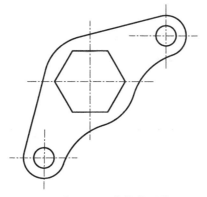

图 4.17　例题 4.2 中修整后的图形

⑦标注尺寸。

⑧检查。完成图形,如图 4.13 所示。

⑨保存。

4.3 组合体三视图的绘制

用 AutoCAD 2018 画组合体三视图的步骤与手工绘图基本相同,关键是作图时要保证尺寸准确,保证视图间的投影关系正确,特别是俯视图和左视图之间的宽相等,这常用 45°辅助线法来保证。下面以例 4.3 为例,说明用 AutoCAD 2018 画组合体三视图的基本方法和步骤。

【例题 4.3】 绘制图 4.18 所示组合体的三视图。

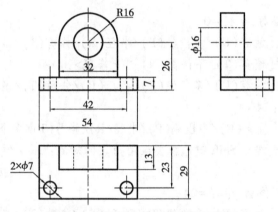

图 4.18 例题 4.3 中组合体的三视图

操作步骤:

①绘图环境设置。设置图形界限:A4(297,210);显示图形界限:利用缩放命令 Zoom(Z)将整个图形范围设置为显示成当前的屏幕大小(键盘输入"A"后按回车键);设置对象捕捉模式:端点、交点和圆心。

②设置图层。建立粗实线、虚线、细实线(用于绘制辅助线)和点划线四个图层。

③画基准线。画基准线和辅助线,在细实线层作出 45°斜线为辅助线,如图 4.19 所示。

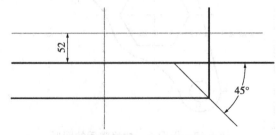

图 4.19 例题 4.3 中画基准线

④绘制基本图形。

a. 在轮廓线层先画底板的三视图。按照图4.20所示的尺寸,对基准线先进行偏移操作,然后再进行修剪,并将直线修改到规定的图层,得到如图4.21所示图形。

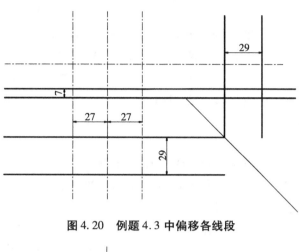

图4.20　例题4.3中偏移各线段

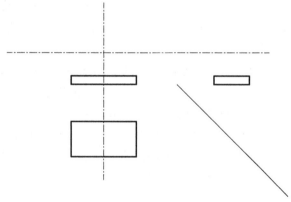

图4.21　例题4.3中修剪后的底板

执行"偏移"命令,命令行提示如下:

命令:O ↵
OFFSET
当前设置:删除源=否　图层=源　OFFSETGAPTYPE=0
指定偏移距离或[通过(T)/删除(E)/图层(L)] <26>:7 ↵
选择要偏移的对象,或[退出(E)/放弃(U)] <退出>: //选择主视图中底板的投影线
指定要偏移的那一侧上的点,或[退出(E)/多个(M)/放弃(U)] <退出>:
　　　　　　　　　　　　　　　　　　　　//在选中线段的上方任意位置单击
选择要偏移的对象,或[退出(E)/放弃(U)] <退出>:↵ 　　//回车结束偏移命令
按空格键重复偏移命令
命令:OFFSET
当前设置:删除源=否　图层=源　OFFSETGAPTYPE=0

指定偏移距离或[通过(T)/删除(E)/图层(L)] <7>:29↵

选择要偏移的对象,或[退出(E)/放弃(U)] <退出>: //选择俯视图中后面的投影线

指定要偏移的那一侧上的点,或[退出(E)/多个(M)/放弃(U)] <退出>:

//在选中线段的下方任意位置单击

选择要偏移的对象,或[退出(E)/放弃(U)] <退出>: //选择左视图中后面的投影线

指定要偏移的那一侧上的点,或[退出(E)/多个(M)/放弃(U)] <退出>:

//在选中线段的右边任意位置单击

选择要偏移的对象,或[退出(E)/放弃(U)] <退出>:↵ //回车结束偏移命令

按空格键重复偏移命令

命令:OFFSET

当前设置:删除源=否 图层=源 OFFSETGAPTYPE=0

指定偏移距离或[通过(T)/删除(E)/图层(L)] <29>:27↵

选择要偏移的对象,或[退出(E)/放弃(U)]<退出>: //选择主视图中的竖直中心线

指定要偏移的那一侧上的点,或[退出(E)/多个(M)/放弃(U)] <退出>:

//在竖直中心线的左边任意位置单击

选择要偏移的对象,或[退出(E)/放弃(U)]<退出>: //重复选择主视图中的竖直中心线

指定要偏移的那一侧上的点,或[退出(E)/多个(M)/放弃(U)] <退出>:

//在竖直中心线的右边任意位置单击

选择要偏移的对象,或[退出(E)/放弃(U)]<退出>:↵ //回车结束偏移命令

b.首先在轮廓线层画出圆的主视图,然后利用45°斜线和"对象追踪"功能画出圆柱的左视图,或用偏移命令来保证左视图和俯视图的宽相等,得到如图4.22所示图形。此时应注意,采用"对象追踪"来保证三个视图满足投影关系。

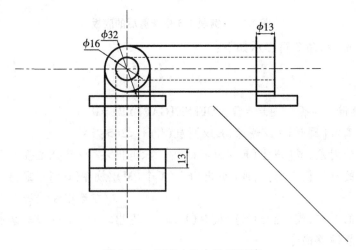

图4.22 例题4.3中绘制圆筒

执行"圆"命令,命令行提示如下:

命令:C ↵

CIRCLE

指定圆的圆心或 ［三点(3P)/两点(2P)/相切、相切、半径(T)］:

指定圆的半径或［直径(D)］:8 ↵

按空格键重复画圆命令

命令:CIRCLE

指定圆的圆心或 ［三点(3P)/两点(2P)/相切、相切、半径(T)］:

指定圆的半径或［直径(D)］ <8>:16 ↵

画圆筒左视图后端面的投影线(与底板的后端面对齐),命令行提示如下:

命令:L ↵

LINE 指定第一点: //捕捉第一个端点

指定下一点或［放弃(U)］: //捕捉第二个端点

指定下一点或［放弃(U)］:↵ //回车结束直线命令

画圆筒俯视图和左视图前端面的投影线,命令行提示如下:

命令:O ↵

OFFSET

当前设置:删除源=否 图层=源 OFFSETGAPTYPE=0

指定偏移距离或［通过(T)/删除(E)/图层(L)］<27>:13 ↵

选择要偏移的对象,或［退出(E)/放弃(U)］ <退出>: //选择俯视图中圆筒后面
的投影线

指定要偏移的那一侧上的点,或［退出(E)/多个(M)/放弃(U)］<退出>:

　　　　　　　　　　　　　　　　　　　//在选中线段的下面任意位置单击

选择要偏移的对象,或［退出(E)/放弃(U)］ <退出>: //选择左视图中圆筒后面
的投影线

指定要偏移的那一侧上的点,或［退出(E)/多个(M)/放弃(U)］<退出>:

　　　　　　　　　　　　　　　　　　　//在选中线段的右边任意位置单击

选择要偏移的对象,或［退出(E)/放弃(U)］ <退出>:↵ //回车结束偏移命令

画圆筒俯视图和左视图中"长对正"和"高平齐"的投影线各四根,命令行提示如下:

命令:L ↵

LINE 指定第一点: //捕捉第一根长对正辅助线的第一个端点

指定下一点或［放弃(U)］: //捕捉第一根长对正辅助线的第二个端点

指定下一点或［放弃(U)］:↵ //回车结束直线命令

重复直线命令,依次画出另外三根辅助线。

c.在中心线层确定小圆孔的位置,并画出其俯视图,如图4.23所示。

d.在虚线层用直线命令和"对象追踪"画出小圆孔的主左视图,如图4.24所示。

e.由于支承板的投影在前面绘制的辅助线中已经存在,所以画支承板只需要用"修剪"
命令擦去多余图线即可。

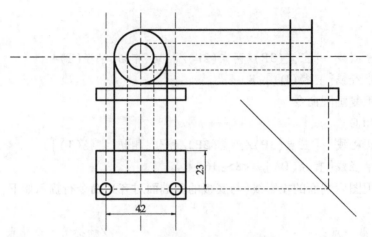

图 4.23　绘制底板小圆孔的俯视图

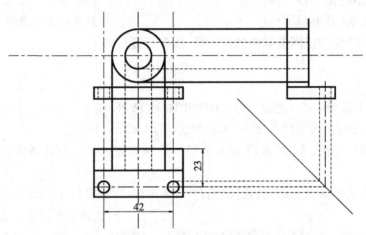

图 4.24　例题 4.3 中绘制底板小圆孔的主左视图

⑤检查整理。用"修剪"命令修剪多余图线,用"移动"命令调整 3 个视图的位置,得到如图 4.25 所示的图形,完成全图。

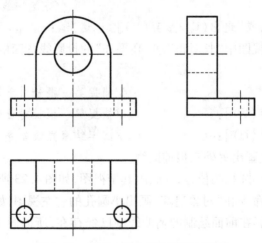

图 4.25　例题 4.3 中整理后的三视图

⑥标注尺寸。

⑦检查。完成图形,如图 4.18 所示。

⑧保存。

4.4 剖视图的绘制

用 Auto CAD 2018 绘制剖视图的步骤与手工绘图基本相同,除了作图时要保证尺寸准确、保证视图间的投影关系正确外,还要使用图案填充命令来填充剖面线,使用画样条曲线("SPLine")命令或徒手线("Sketch")命令来绘制波浪线。在图案填充时要注意填充封闭区域和填充未封闭区域的操作差别,同时要学会利用设置剖面线的比例来调整剖面线的间距,利用设置角度数值来控制剖面线的倾斜方向。现以例 4.4 说明绘制剖视图的基本方法和步骤。

【例题 4.4】 绘制图 4.26 所示的剖视图。

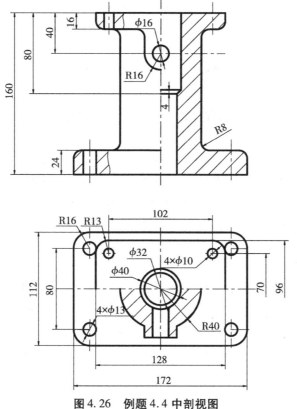

图 4.26 例题 4.4 中剖视图

操作步骤：

①绘图环境设置。设置图形界限：A4(297,210)；显示图形界限：利用缩放命令 Zoom
(Z)将整个图形范围设置为显示成当前的屏幕大小(键盘输入"A"后按回车键)；设置对象
捕捉模式：交点和圆心。

②设置图层。建立粗实线、剖面线、点划线、细实线(用于绘制波浪线)四个图层。

③画基准线，如图 4.27 所示。

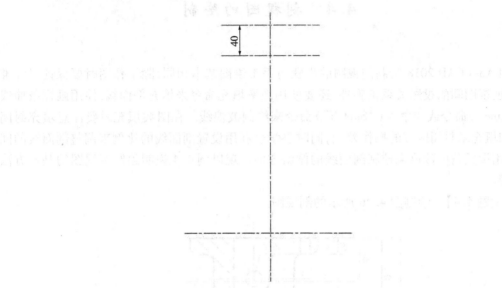

图 4.27　例题 4.4 中画基准线

④绘制轮廓线：

a.绘制顶板和底板的投影(按完整的基本体绘制)，命令行提示如下：

命令：OFFSET ↵

当前设置：删除源＝否　图层＝源　OFFSETGAPTYPE＝0

指定偏移距离或[通过(T)/删除(E)/图层(L)]　<通过>：64 ↵

选择要偏移的对象，或[退出(E)/放弃(U)]　<退出>：　//选择竖直中心线

指定要偏移的那一侧上的点，或[退出(E)/多个(M)/放弃(U)]<退出>：
　　　　　　　　　　　　　　　　　　//在竖直中心线左侧任意点单击

选择要偏移的对象，或[退出(E)/放弃(U)]　<退出>：　//重复选择竖直中心线

指定要偏移的那一侧上的点，或[退出(E)/多个(M)/放弃(U)]<退出>：
　　　　　　　　　　　　　　　　　　//在竖直中心线右侧任意点单击

选择要偏移的对象，或[退出(E)/放弃(U)]　<退出>：↵　//回车结束偏移命令

按空格键重复偏移命令，继续偏移其他各线段，得到如图 4.28(a)所示的图形，图中所
示尺寸是偏移尺寸。

将偏移后的图线进行修剪，并将得到的顶板和底板的投影线改到轮廓线层，最后得到的
顶板和底板投影如图 4.28(b)所示。

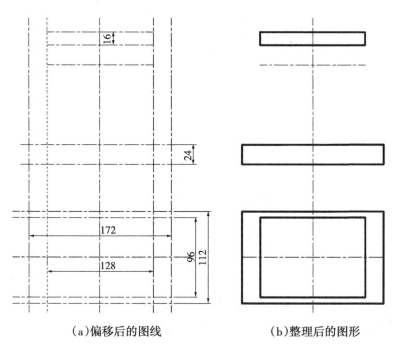

（a）偏移后的图线　　　　　　（b）整理后的图形

图 4.28　例题 4.4 中绘制顶板和底板的投影

b.绘制圆及圆弧：

Ⅰ.绘制 $\Phi16$、R16、$\Phi32$、$\Phi40$、R40 五个圆,如图 4.29 所示；

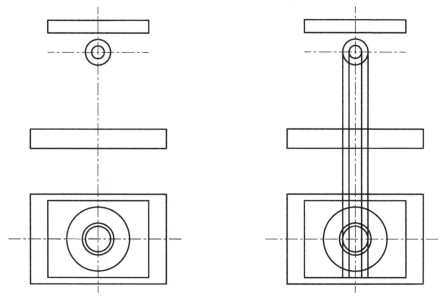

图 4.29　例题 4.4 中绘制五个圆　　图 4.30　例题 4.4 中绘制主俯视图长对正的辅助线

Ⅱ.绘制主俯视图长对正的辅助线,如图 4.30 所示；

Ⅲ.修剪主俯视图中的圆、直线和圆弧,得到的图形如图 4.31 所示。

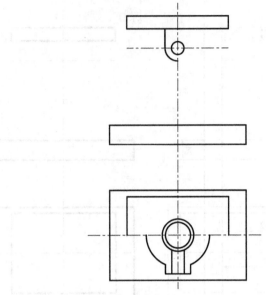

图 4.31　例题 4.4 中修剪后的图形

c.绘制主视图中间圆筒的投影。

绘制内孔倒角的投影并由俯视图绘制"长对正"的辅助线,如图 4.32(a)所示,修剪主视图,得到的图形如图 4.32(b)所示。

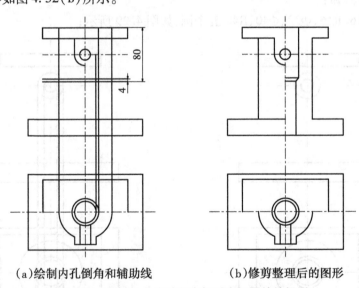

（a）绘制内孔倒角和辅助线　　（b）修剪整理后的图形

图 4.32　例题 4.4 中绘制主视图中间圆筒的投影

d.倒圆角 $R8$、$R13$、$R16$,得到的图形如图 4.33 所示。

画出 $R8$ 的各圆角,命令行提示如下:

命令:FILLET ↵

当前设置:模式=修剪,半径=10.0000

选择第一个对象或[放弃(U)/多段线(P)/半径(R)/修剪(T)/多个(M)]:r ↵

指定圆角半径<10.0000>:8 ↵

选择第一个对象或[放弃(U)/多段线(P)/半径(R)/修剪(T)/多个(M)]:t ↵

输入修剪模式选项[修剪(T)/不修剪(N)] <修剪>:回车

选择第一个对象或[放弃(U)/多段线(P)/半径(R)/修剪(T)/多个(M)]:m ↵

选择第一个对象或[放弃(U)/多段线(P)/半径(R)/修剪(T)/多个(M)]:

//选择第一个圆角的第一个边

选择第二个对象,或按住 Shift 键选择要应用角点的对象: //选择第一个圆角的第二个边

选择第一个对象或[放弃(U)/多段线(P)/半径(R)/修剪(T)/多个(M)]:

//选择第二个圆角的第一个边

选择第二个对象,或按住 Shift 键选择要应用角点的对象: //选择第二个圆角的第二个边

画出 R13 的两个圆角,命令行提示如下:

选择第一个对象或[放弃(U)/多段线(P)/半径(R)/修剪(T)/多个(M)]:r ↵

指定圆角半径<8.0000>:13 ↵

选择第一个对象或[放弃(U)/多段线(P)/半径(R)/修剪(T)/多个(M)]:t ↵

输入修剪模式选项[修剪(T)/不修剪(N)]<不修剪>:t ↵

选择第一个对象或[放弃(U)/多段线(P)/半径(R)/修剪(T)/多个(M)]:

//选择第一个 R13 圆角的第一个边

选择第二个对象,或按住 Shift 键选择要应用角点的对象:

//选择第一个 R13 圆角的第二个边

选择第一个对象或[放弃(U)/多段线(P)/半径(R)/修剪(T)/多个(M)]:

//选择第二个 R13 圆角的第一个边

选择第二个对象,或按住 Shift 键选择要应用角点的对象:

//选择第二个 R13 圆角的第二个边

画出 R16 的四个圆角,命令行提示如下:

选择第一个对象或[放弃(U)/多段线(P)/半径(R)/修剪(T)/多个(M)]:r ↵

指定圆角半径<13.0000>:16 ↵

选择第一个对象或[放弃(U)/多段线(P)/半径(R)/修剪(T)/多个(M)]:

//选择第一个 R16 圆角的第一个边

选择第二个对象,或按住 Shift 键选择要应用角点的对象:

//选择第一个 R16 圆角的第二个边

选择第一个对象或[放弃(U)/多段线(P)/半径(R)/修剪(T)/多个(M)]:↵

//回车结束倒圆角命令

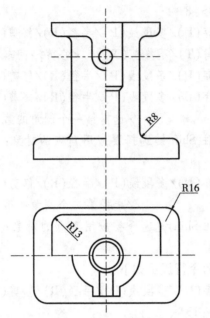

图 4.33　例题 4.4 中倒圆角后得到的图形

⑤绘制圆孔投影线。

a.绘制俯视图圆孔的投影,利用画圆命令绘制各圆:4×Φ10、4×Φ13(用捕捉底板邻近圆角圆心的方法找圆心)。

b.在中心线层利用直线命令或利用尺寸标注的圆心标记功能来绘制圆中心线:标注→圆心标记,圆心标记有"无"、"标记"和"直线"三种类型,此处应设置为"直线",修改圆心标记类型,在"格式"→"标注样式"→"修改"→"圆心标记类型"中进行设置。

c.绘制主视图圆孔的局部剖投影线和轴线,得到的图形如图 4.34 所示。

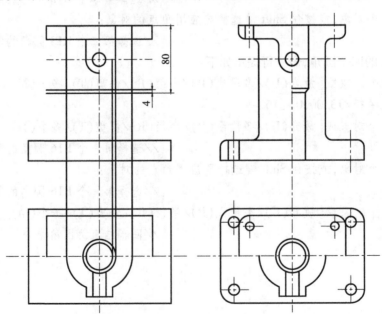

图 4.34　例题 4.4 中绘制圆孔投影线

⑥绘制波浪线。

a. 使用样条曲线或徒手线"Sketch"命令绘制波浪线。

b. 使用修剪、延伸和删除命令,使波浪线的起始点和终点准确落在底板轮廓线上,得到的图形如图 4.35 所示。

由于手绘线是由很多小段组成,故使用修剪命令时比较特殊,应先窗口放大,再使用删除命令,最后使用修剪命令绘图才准确。

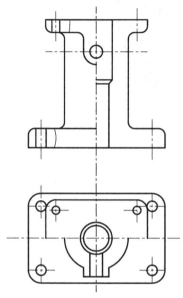
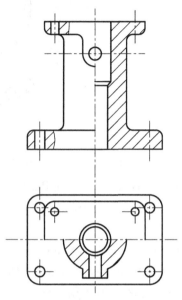

图 4.35　例题 4.4 中绘制波浪线　　　　　图 4.36　例题 4.4 中绘制剖面线

⑦绘制剖面线。

图案采用 ANSI31 类型,比例为 2,角度为 0,得到的图形如图 4.36 所示。

⑧标注尺寸。

⑨检查。完成图形,如图 4.36 所示。

⑩保存。

实训项目 4

4.1　绘制如图 4.37 所示的平面图形。

绘图步骤提示:

①分析图形:图形定位基准线、确定已知线段、确定线段间的关系。

②设置绘图环境:绘图区域、单位设置、图层设置。

③图样布局:绘制主要定位基准线。

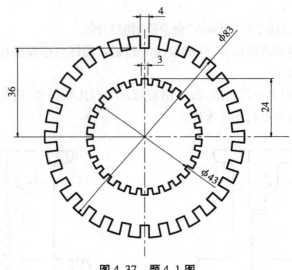

图 4.37　题 4.1 图

④绘制基本图形:φ43,φ83 两个圆和上下两个矩形框。

⑤创建四个面域(Region 或 Reg):φ43,φ83 两个圆和上下两个矩形框。

⑥阵列:对两个小矩形做环行阵列操作项目总数 30。

⑦进行布尔运算:

a. 对面域进行差运算:(Subtract 或 Su)求外面部分图形。

b. 对面域进行并运算:(Union 或 Uni)求里面部分图形。

4.2　绘制如图 4.38 所示的平面图形。

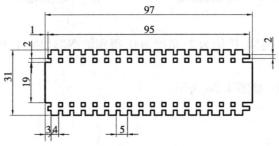

图 4.38　题 4.2 图

绘图步骤提示:

①分析图形:图形定位基准线、确定已知线段、确定线段间的关系。

②设置绘图环境:绘图区域、单位设置、图层设置。

③图样布局:绘制主要定位基准线。

④绘制基本图形:绘制三个矩形。

⑤利用镜像做上方小矩形:Mi。

⑥对四个对象创建面域:Region(Reg)。

⑦对竖直小矩形做阵列操作:矩形阵列:1 行 17 列。

⑧对所有面域进行加运算(Uni)。

4.3 绘制如图 4.39 所示的平面图形。

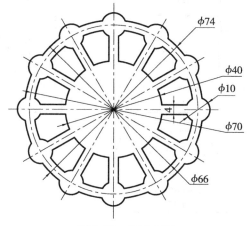

图 4.39 题 4.3 图

4.4 绘制如图 4.40 所示组合体的三视图。

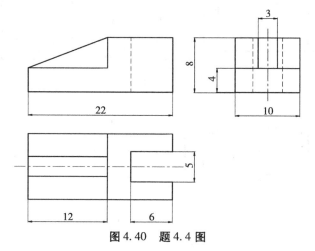

图 4.40 题 4.4 图

4.5 绘制如图 4.41 所示组合体的三视图。

绘图步骤提示：

①绘图环境设置、图层设置。

②绘制作图基准线、45 度辅助线(用参照线绘制，方向为 135°)。

③绘制底板。

④绘制圆柱及其内部垂直圆孔(左视图部分利用复制)。

⑤绘制左侧方孔。

⑥绘制主视图中右侧横向圆孔(过已知三点画圆弧)。

⑦保存文件。

4.6 绘制如图 4.42 所示组合体的三视图。

4.7 绘制如图 4.43 所示组合体的三视图。

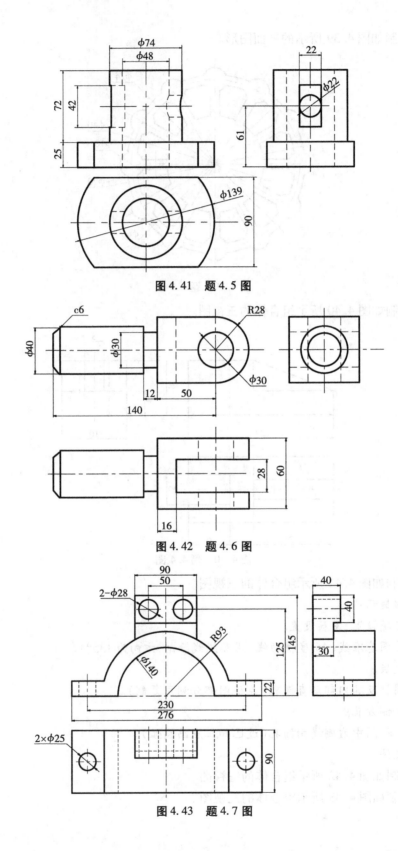

图 4.41　题 4.5 图

图 4.42　题 4.6 图

图 4.43　题 4.7 图

4.8　绘制如图4.44所示的剖视图。

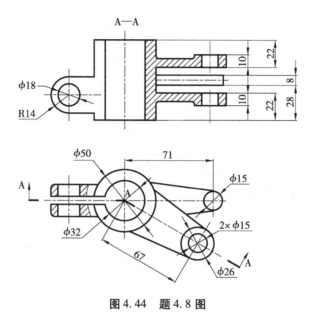

图4.44　题4.8图

4.9　绘制如图4.45所示的剖视图。

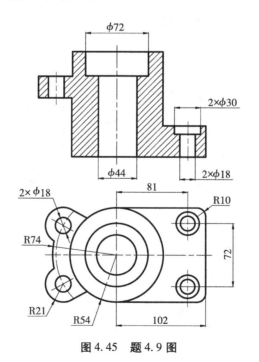

图4.45　题4.9图

4.10 绘制如图 4.46 所示的剖视图。

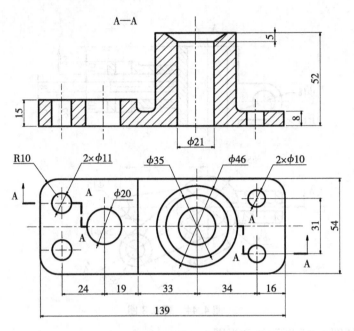

图 4.46 题 4.10 图

4.11 绘制如图 4.47 所示的剖视图。

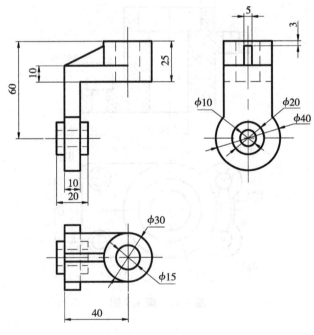

图 4.47 题 4.11 图

4.12 绘制如图 4.48 所示的剖视图。

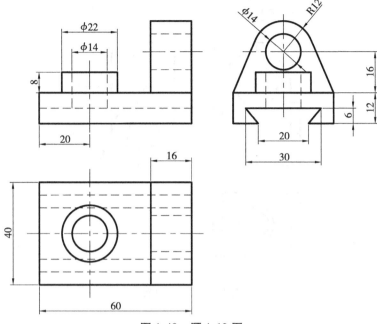

图 4.48　题 4.12 图

4.13 绘制如图 4.49 所示的剖视图。

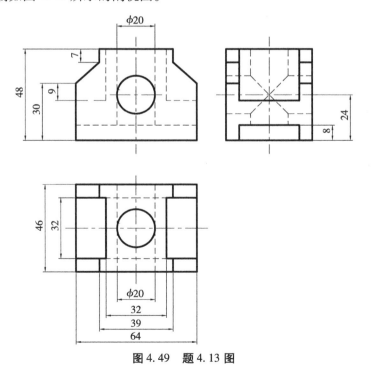

图 4.49　题 4.13 图

4.14　绘制如图 4.50 所示的剖视图。

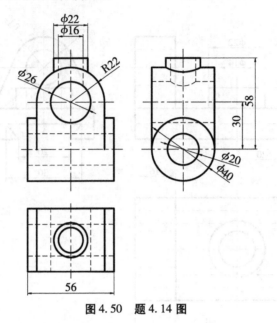

图 4.50　题 4.14 图

第5章 书写文字和标注

工程图中大多含文字注释和尺寸标注，它们包含着图纸及零件的重要信息。文字注释是图形中十分重要的一部分内容，进行各种设计时，通常不仅要绘出图形，还要在图形中标注一些文字，如技术要求、注释说明等，对图形对象加以解释。AutoCAD 2018 中有两种生成文字的方式：单行文本和多行文本。一般来讲，单行文本用于输入简短的文字项目，如：尺寸标注中的一些附属说明文字等；多行文本用于输入文字较多、文字格式较复杂、有项目编号等类型的文字，如：技术要求、加工流程说明等。尺寸标注是绘图设计过程中相当重要的一个环节，AutoCAD 2018 提供了非常灵活的设置标注参数的方法，能方便地设置各种标注样式，满足各个行业对尺寸标注的要求，并准确地加以标注。

5.1 文字样式

5.1.1 创建文字样式

在 AutoCAD 2018 中，文字样式是文字格式的集合，它包含文字对象的字体、字号、倾斜角度、方向等文字格式。绘制工程图前应先定义好常用的文字样式，这样可以根据绘图需要，在不同的地方选择不同的文字样式。系统默认的文字样式是 Standard，其字形文件为 Txt.shx，用户也可以根据需要创建新的文字样式。

（1）创建新文字样式的方法

①命令：Style。

②菜单"格式"→"文字样式"。

③"文字"工具栏：文字样式❤按钮，如图 5.1 所示。

图 5.1 "文字"工具栏

【例题 5.1】创建文字样式。

①用上述三种方法中任一种运行"文字样式"命令后,打开"文字样式对话框",如图 5.2 所示。

单击"新建(N)"按钮,打开"新建文字样式"对话框,在"样式名"框中输入文字样式的名称为"拨叉样式",如图 5.3 所示。

②单击"确定"按钮,返回"文字样式"对话框,在"字体名"下拉列表中选择"仿宋"。

③单击"应用"按钮,完成新的文字样式设定,其名称为"拨叉样式",字体格式为"仿宋",如图 5.4 所示。

图 5.2 "文字样式"对话框

图 5.3 "新建文字样式"对话框

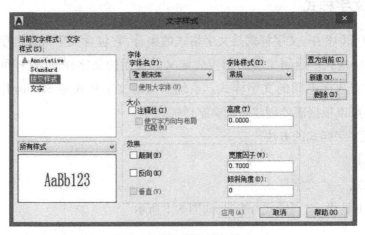

图 5.4 设定新的文字样式

下面就"文字样式"对话框中可设定的参数做详细说明：

样式(S)：该列表框显示文字样式名。

置为当前(C)：将在"样式"下选定的样式设为当前。

新建(N)：创建新样式,样式名称长度最多为 255 个字符,包括字母、数字以及特殊字符。

删除(D)：从列表中选择一个样式名,然后选择"删除",已经使用的样式和缺省样式不能删除。

"字体"：如图 5.5 所示,该表框用于设置文字的字形和高度,文字字形在 AutoCAD 2018 中分两种：CAD 本身编译的"Shx 字形"和 Windows 自带的"Truetype 字形"。两种字形各有特点："Shx"字形文件可由用户自己扩展,而且能很精确地控制文字的高度;"Truetype"字形文字美观大方,符合通常的书写习惯,可添加更多的效果选项如倾斜等,但其文字高度为字形首字母的高度,不同的"Truetype"字形文字在同一高度设定下,在 AutoCAD 2018 中显示出来的高度可能不同。一般来讲,中文的字形都比设置的字体的高度要高。工程图中建议使用 Shx 字体。

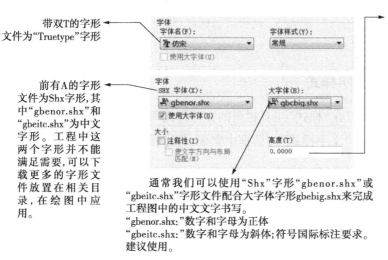

图 5.5 "文字样式"对话框说明

"字体"中的大字体说明：亚洲字母表包含数千个非 ASCII 字符,远多于英文字母及其变化的字符。为支持这些文字字符,程序提供了一种称作大字体特殊形定义。大字体只能在使用 Shx 字形文件时才能使用,可以在"文字样式"设置中同时使用常规字体文件和大字体文件。大字体中 gbcbig. shx 字形文件对应的是简体中文字体中的大字体,Chineset. shx 字形文件对应的是繁体中文字体。

"效果"：修改字体的特性,例如高度、宽度比例、倾斜角以及是否颠倒显示、反向或垂直对齐,不同效果显示对比见表 5.1。

表 5.1　字体效果对比

效果	未使用	使用	备注
颠倒	AUTOCAD	∀UTOCAD（倒）	只影响单行文字
反向	AUTOCAD	AUTOCAD（镜像）	只影响单行文字
垂直	中文字体	中文字体（竖排）	1. 只有在选定字体支持双向时，"垂直"才可用。2. TrueType 字体不可用垂直效果
宽度比例	中文字体	中文字体	未使用：1 / 使用：0.667
倾斜角度	中文字体	中文字体	未使用：15° / 使用：−15°

5.1.2　使用和修改文字样式

文字样式定义好后，可在"样式"工具栏里的文字样式下拉框中选用。

修改文字样式也是在"文字样式"对话框中完成，其过程和创建文字样式的过程类似，在此不再重复。

在修改文字样式时，应该要注意以下问题：

①修改完成后，若单击"文字样式"对话框的"应用"按钮，则修改生效，将自动更新图中与该文字样式关联的文字。

②当修改文字样式关联的字体时，将改变所有使用了该样式的文字字体。

③当修改文字效果中的"颠倒""反向""垂直"特性时，AutoCAD 2018 将改变单行文字的外观效果。

④修改"文字高度""宽度比例""倾斜角度"特性时，不会改变已有文字外观，但将影响到此后创建的文字效果。

⑤对于多行文字，只有修改"垂直""宽度比例""倾斜角"的效果选项时才会影响到已有的文字外观。

5.2　单行文字

单行文字("Dtext"或"Text"命令)能便捷地输入简短的文字,能创建一行或多行文字,输完一行按 Enter 键将开始新一行的输入。该命令下每行文字都是独立的对象,可以进行各种修改。该命令能方便地通过十字光标在图中点选确定输入文本的位置,并实时观察输入的文字。

5.2.1　创建单行文字

缺省情况下,单行文本关联的文字样式是"Standard",字体是"txt. shx",如果要输入中文,应当建立新的文字样式,样式中的字体选用中文字体。

创建"单行文字"有以下三种方法:

①命令:Dtext(DT)或 Text。

②菜单:"绘图"→"文字"→"单行文字"。

③文字工具栏:单行文字 A 按钮。

命令选项与参数说明:

①样式(S):指定当前文字样式。在输入文字前打开"样式"工具栏,在文字样式中选择需要的样式,再开始文字输入。

②对正(J):定义文本放置时的参照点及控制文字输入的方法。在单行文本内部,系统提供了[中心(C)/中间(M)/右(R)/左上(TL)/中上(TC)/右上(TR)/左中(ML)/正中(MC)/右中(MR)/左下(BL)/中下(BC)/右下(BR)]12 种方法来定义文字参照点和[对齐(A)/调整(F)]两种方法来控制输入文字,各参照点在文本中的位置如图5.6所示。

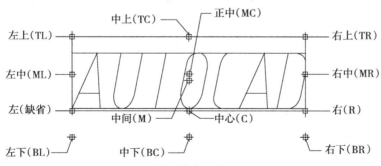

图5.6　参照点在文本中的位置

表5.2 展示出当文本放置点为同一点时,用对正(J)选项改变文字的对齐点后,文本与放置点的位置关系,可根据实际需要选择合适的对齐方式来放置文本。

表 5.2　文字和放置点的位置关系

对正(J)选项	效果
左(缺省)	 AUTOCAD
左中(ML)	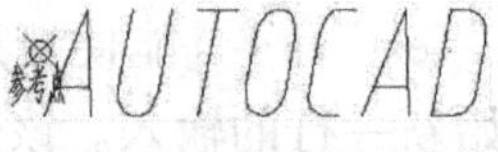 AUTOCAD
左上(TL)	 AUTOCAD
正中(MC)	 AUTOCAD
中上(TC)	 AUTOCAD
中心(C)	 AUTOCAD
右中(MR)	 AUTOCAD

③对齐(A):按两点定义的方向和长度放置文字,文字对象的长度不变,但随着文字对象中字符数的增加,字符高度将自动按比例调整,使文字长宽比保持一定。文字字符串越长,字符高度越小。

④调整(F):和对齐类似,但在输入的过程能保持字符高度不变,即文字字符串越长,字符越窄。

对齐选项,在单行文字引线文字、多行文字输入中都会使用。

5.2.2　在单行文字中插入特殊符号

工程图中,许多特殊的符号和文字效果无法通过标准键盘直接输入,如文字的角度、正/负号、直径符号,AutoCAD 2018 提供了两种方法来完成特殊符号的输入:

①特殊的控制代码。

②输入 Unicode 字符串。

特殊的控制代码必须在文字样式所选用的字体中有定义,才能显示出效果来,选择中文字体作为文字字体时,这些特殊控制代码往往不能显示出正确的效果。为了解决文字编码不统一的问题,AutoCAD 2018 使用 Unicode 标准字符集来定义符号,可直接输入"\U+

Unicode 字符串"完成特殊符号的输入,输入时直接用如表 5.3 为书写形式输入文字,在 AutoCAD 2018 中将自动进行转换。对于有复杂文字格式和效果的字符对象,建议在多行文本命令中建立,如:上划线和下划线效果。常见特殊符号见表 5.3,更多的特殊符号可参考多行文本中的特殊符号输入中提供的代码。

表 5.3 特殊符号表

特殊控制代码	对应的 Unicode 字符串	效果	备注
％％d	\U+00B0	15°	角度
％％c	\U+2205	φ	直径符号
％％p	\U+00B1	±	正负符号

提示:输入时不要用中文输入法,否则输入的符号是中文字符。如果需要用到 word 中提供的特殊符号,可以在 Word 中输入该符号后,按"Alt+x"组合键查看该符号的 Unicode 字符串(该符号必须是在 Unicode 字符集里定义了的),然后直接在 AutoCAD 2018 中输入"\U+Unicode"代码即可。

5.3 多行文字

"Mtext"命令生成的文字对象称为多行文本,用以创建复杂的文字说明。它可以由任意数目的文字行组成,所有的文字字符构成一个单独的实体,文字字符可以具有不同的文字属性(如文字字符的字体、高度),可以添加更多的文字效果(如上标、下标、文字堆叠等),能形成段落,能加项目符号。该命令下文字的录入和编辑如使用 Word 般方便快捷。

5.3.1 创建多行文字

创建"多行文字"有以下三种方法:

①命令:Mtext(T)。

②菜单:"绘图"→"文字"→"多行文字"。

③"绘图"工具栏或者"文字"工具栏:"多行文字"**A**按钮。

5.3.2 多行文字编辑器

要建立多行文本,首先要了解"多行文字编辑器"的使用方法和常见的命令选项。

【**例题** 5.2】运行"Mtext"命令。

运行 Mtext 命令后,命令行提示如下:

指定第一角点:　　　　　　　　　　　　　　　　　//输入对话框一角点
指定对角点或[高度(H)/对正(J)/行距(L)/旋转(R)/样式(S)/宽度(W)]:　　//输入对话框另一角点

结果如图5.7所示。

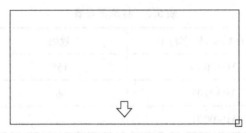

图5.7　用文本框决定文字范围

输入完毕后,就打开了多行文字编辑器。该编辑器由"文字格式"栏和带标尺的文字输入框组成,如图5.8所示。

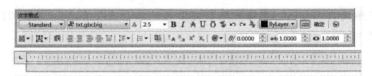

图5.8　多行文字编辑器

可以在文字输入框中输入文本,文本溢出边界后会有虚线来显示定义的宽度和高度,一般可以按"Shift+Enter"组合键来软换行(若用"Enter"键换行,相当于完成一个段落的输入,重新开始下个段落的输入)。缺省情况下,文字框为透明的,可以观察到文字与其他对象的关系,若要关闭透明特性,可在文本框中单击右键→选择"不透明背景"。

1)"文字格式"工具栏

①"样式"下拉列表:设定多行文字样式。如果将新样式应用到现有的多行文字对象中,则原先用于字体、高度和粗体或斜体属性的字符格式将被替代,堆叠、下划线和颜色属性将保留。

②"字体"下拉列表:为新输入的文字指定字体或改变选定文字的字体,多行文字中可以包含不同字体。

③"高度"下拉列表:设定文字高度,多行文字中可以包含不同字高。

④B按钮:为新建文字或选定文字打开和关闭粗体格式。此选项仅适用于使用TrueType字体的字符。

⑤I按钮:为新建文字或选定文字打开和关闭斜体格式。此选项仅适用于使用TrueType字体的字符。

⑥U按钮:为新建文字或选定文字打开和关闭下划线。

⑦堆叠按钮:如果选定文字中包含堆叠控制字符,按下该按钮则创建堆叠文字(例如分数);如果选定堆叠文字,按下该按钮则取消堆叠。可用它来创建工程和分数表达形式文

字。AutoCAD 2018 中堆叠控制字符有"/"（分数）"^"（公差）"#"（斜线分开的分数形式）。堆叠文字输入的方式为:左边文字+堆叠控制字符+右边文字,选择后,单击"堆叠"按钮即显示为堆叠效果如图 5.9 所示。

<table>
<tr><td>2/3</td><td>$\frac{2}{3}$</td></tr>
<tr><td>200.02^0</td><td>$20_0^{0.02}$</td></tr>
<tr><td>2#3</td><td>$^2/_3$</td></tr>
<tr><td>输入可堆叠文字控制符</td><td>堆叠效果</td></tr>
</table>

图 5.9　文字堆叠

⑧"颜色":为新建文字或选定文字选择颜色。

⑨▭按钮:标尺,显示或隐藏编辑器顶部的标尺。

⑩四·按钮:多行文字对正选项。

⑪设定 ≡ ≡ ≡ ≡ ≡ 文字对齐方式:从左到右分别是左对齐、居中、右对齐、对正、分布。这里是对整个多行文本的对象设定对齐方式。

⑫≔·:创建不同类型的段落项目符号。

⑬▦按钮:"插入字段"对话框,从中可以选择要插入到文字中的字段。可以方便的输入如:图纸大小、作者名等有固定属性的字段,也能插入有动态信息的字段,如:对象长度。

⑭ᵃA ᵃ X˙ X. 按钮:从左到右分别是大写、小写、上标和下标。

⑮@·按钮:插入特殊符号。

⑯0/ 0.0000 ⇕ | a·b 1.0000 ⇕ | ◐ 1.0000 ⇕ 按钮:从左到右分别是"斜角度"、"追踪"和"宽度比例"。

⑰"斜角度":确定文字是向前倾斜还是向后倾斜。倾斜角度表示的是相对于 90 度角方向的偏移角度。输入一个−85 到 85 之间的数值使文字倾斜。倾斜角度的值为正时文字向右倾斜。倾斜角度的值为负时文字向左倾斜。

⑱"追踪":增大或减小选定字符之间的间距。设置值为 1.0 是常规间距。设置值大于1.0 可增大间距,设置值小于 1.0 可减小间距。

⑲"宽度比例":扩展或收缩选定字符。设置值为 1.0 代表此字体中字母的宽度是常规宽度。可以增大该宽度(如使用宽度因子 2,可以使宽度加倍)或减小该宽度(如使用宽度因子 0.5,将使宽度减半)。

2)文字输入框

(1)标尺

设置段落首行文字及段落其他行文字的缩进,还可设定制表位,操作方法如下:

①拖动标尺上方的缩进滑块,可调整所选段落第一行的缩进位置。

②将光标指向标尺,单击右键,可调整缩进和制表位、设置多行文字对象宽度和高度,如图 5.10(a)所示。

③选择"段落",弹出"段落"选项卡,如图 5.10(b)所示,可设定段落制表位和缩进、段

落对齐方式和段落间距。

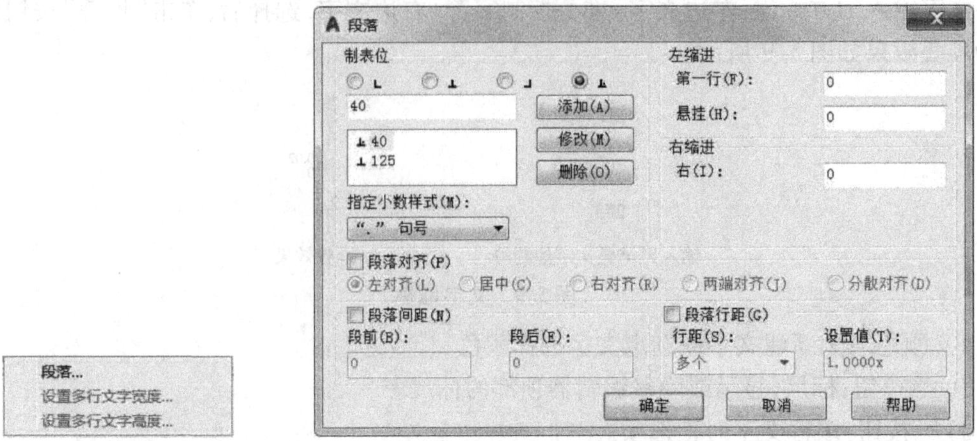

（a）标尺上右键菜单　　　　　　　　（b）"段落"选项卡

图 5.10　文字输入框中的"标尺"选项

（2）光标菜单

在文本输入框中单击鼠标右键，弹出菜单，该菜单包含了标准编辑选项和多行文本特有的选项，如图 5.11 所示。

图 5.11　文本输入框中的光标菜单

5.3.3　调整多行文字的段落格式

【例题 5.3】创建多行文字、调整文字格式。

①单击"绘图"工具栏多行文字**A**按钮，或快捷输入命令"T"，执行多行文字命令，命令行

提示如下:

命令:mtext ↵
MTEXT 当前文字样式:"Standard" 当前文字高度:2.5
指定第一角点:　　　　　　　　　　　　　　　　　　　　//选择一点定位
指定对角点或[高度(H)/对正(J)/行距(L)/旋转(R)/样式(S)/宽度(W)]:　　//选择另一角点

　　②打开"多行文字编辑器",在"字体"下拉列表中选择"仿宋",在"字体高度"对话框下输入数值"5",保证文字段落,水平为"左对齐",垂直为"上对齐",然后键入文字"技术要求",按回车键结束该段落输入。

　　③在"字体高度"对话框中输入数值"3.5",在该行中,点 按钮然后键入文字,调整文本大小和格式如图5.12和图5.13所示。

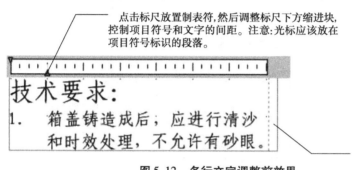

图5.12　多行文字调整前效果

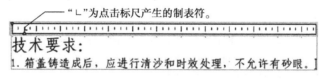

图5.13　多行文字调整后效果

　　④在输入完成后,移动光标到"技术要求"四个字前,并拖动标尺上方缩进按钮,调整其位置,最后结果如图5.14所示。

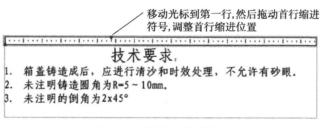

图5.14　最终完成后效果

退出"Mtext"命令,可以有三种方法:
①单击工具栏上的"确定"。
②单击编辑器范围外部。
③按"Ctrl+Enter"组合键。

5.3.4 输入特殊符号

【例题 5.4】输入文本内容:蜗轮分度圆直径为 $d=\phi30$、齿形角 $\alpha=20°$和导程角 $\gamma=14°$

①单击"绘图"工具栏▲,或输入快捷命令"T",执行多行文本命令,指定文本宽度和高度,在"字体"下拉列表中选择"宋体",在"字体高度"对称框中输入"3.5",然后输入文字,如图 5.15 所示。在要插入直径符号的地方,输入"\u+2205、％％c"或者单击鼠标右键→选择"符号"→"直径",结果如图 5.16 所示(关于特殊符号输入,请参考单行文本中特殊符号的输入)。

图 5.15 输入文本文字

图 5.16 插入直径符号

②在要插入度数符号的地方,输入"\u+00B0,％％d"或者单击鼠标右键→选择"符号"→"度数"。

③在要插入"α"符号的地方,单击鼠标右键→选择"符号"→"其他",打开字符映射表,在字体对话框下,选择"Symbol"字体,"Symbol"中定义的字符并不是 Unicode 字符集定义的标准字符库,然后选择需要的字符"α",如图 5.17 所示。

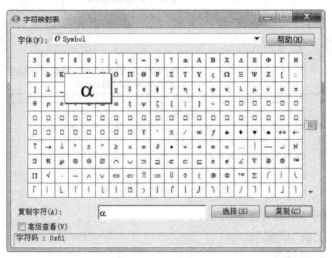

图 5.17 字符映射表

④单击对话框下的"选择"按钮或者在字符上双击鼠标左键,在"复制字符"单行文本输入框内会有选定好的字符,单击"复制"按钮。

⑤返回"多行文字编辑器",在需要插入"α"字符的地方单击鼠标右键,在弹出的菜单上选择"粘贴"选项。

⑥用同样的方法插入字符"γ",最后结果如图5.18所示。

图5.18　特殊符号完成结果

5.3.5　创建分数及公差形式文字

下面介绍如何使用多行文本编辑器创建分数和公差形式文字。

【例题5.5】创建分数和公差形式文字"H7/h7""+0.02^-0.01"

①打开多行文字编辑器,输入,选择文字"+0.02^-0.01",然后单击🔲按钮如图5.19所示。

②选择文字"H7/h7",然后单击🔲按钮;结果如图5.20所示。

③单击"确定"按钮完成。

图5.19　在多行文字编辑器中输入文字

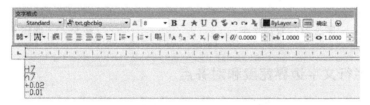

图5.20　创建分数和公差形式文字

应当注意的是,选择文字时,不要选中后面的空格,否则🔲按钮会灰显。

5.4　编辑文字

进入文字的编辑状态有以下的方法：

①使用"Ddedit"命令。它会根据文本建立的方法自动进入不同的编辑状态。其优点是一次可以编辑多个文本。

②使用鼠标左键双击文字，自动进入相关命令状态，如果是多行文本自动进入"Mtedit"编辑命令；如果是单行文本自动进入"Ddedit"。操作时建议使用该方法。

③使用"Properties"命令修改文本。选择文本后，运用"Properties"命令或者按"Ctrl+1"组合键，打开"特性"对话框，它能编辑文本对象和其他属性，如：倾斜角度，对齐方式、高度等。

如果仅仅是改文字对象的文本信息，请用第1种和第2种方法，如果要改更多的属性采用第3种方法。

5.4.1　修改文字内容和格式

【例题5.6】编辑文字内容，改变字体格式。

①双击如图5.21所示文字，开始编辑。

②选择"技术要求"，设定"字体"为"宋体"，"字高"为"5"。

③选择下面文字，设定"字体"为"宋体"，"字高"为"3.5"。

④单击"确定"按钮，完成编辑，如图5.22所示。

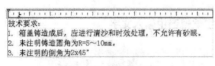

图5.21　双击文字　　　　　　　　图5.22　编辑文字

5.4.2　调整多行文字边界宽度和对齐点

调整多行文本的宽度的最快捷的方式就是夹点编辑。

文本中文字对齐点的作用是文本对齐参照和文本定位。文字对齐点的调整有两种方法：

①用"特性"对话框来调整。

②用Justifytext命令来移动对齐点。

两者的区别在于："特性"对话框改变对齐点时，原来选择对齐点的位置不动而文字动；Justifytext命令则是文字不动，对齐点动。

【例题5.7】改变多行文本边界宽度和对齐点。

①选择例题5.6中的多行文本,显示对象的关键点又称对象夹点(实心点),如图5.23(a)所示,激活右边的任意夹点,进入夹点编辑状态,向右移动光标,拉伸多行文本边界,结果如图5.23(b)下边所示。

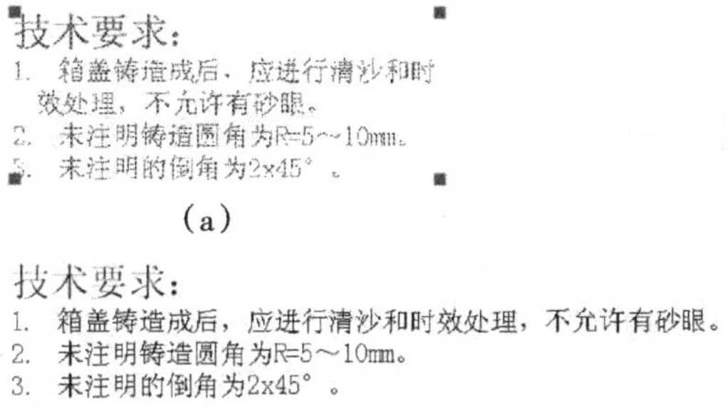

技术要求:
1. 箱盖铸造成后,应进行清沙和时效处理,不允许有砂眼。
2. 未注明铸造圆角为R=5～10mm。
3. 未注明的倒角为2x45°。
(a)

技术要求:
1. 箱盖铸造成后,应进行清沙和时效处理,不允许有砂眼。
2. 未注明铸造圆角为R=5～10mm。
3. 未注明的倒角为2x45°。
(b)

图5.23 拉伸多行文本

②编辑完成后,双击文字,可以看见标尺变宽。

③选择文字右上或者左上夹点,向上移动光标,将会加高文本行高度。这时可以发现移动这些夹点时,文字位置并不动,文字参照左下角对齐。

④选择文字,按"Ctrl+1"键,进入"特性"编辑状态,可以看到文字缺省,其对齐方式为"左下",如图5.24所示。

技术要求:
1. 箱盖铸造成后,应进行清沙和时效处理,不允许有砂眼。
2. 未注明铸造圆角为R=5～10mm。
3. 未注明的倒角为2x45°。
(a)

(b)

图5.24 进入"特性"编辑状态

⑤选择左下角的夹点,变红后移动它,可以看见整个文字位置发生移动。

⑥将"属性"中的"对齐"选项改为"左中",可以看见屏幕左中部出现新的夹点,并且文字是依照左中点对齐的,如图5.25所示,现在移动这5个夹点观察文字的变化。

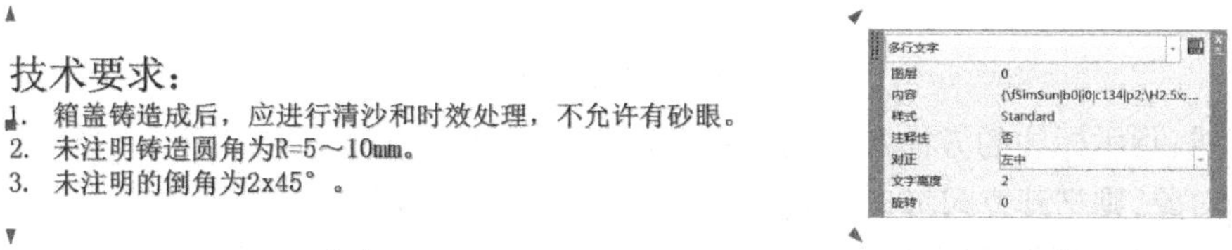

技术要求:
1. 箱盖铸造成后,应进行清沙和时效处理,不允许有砂眼。
2. 未注明铸造圆角为R=5～10mm。
3. 未注明的倒角为2x45°。
(a)

(b)

图5.25 改变多行文本对齐点

通过例5.7可知,文字的对齐点是文字对象的对齐点和移动点。在实际绘图中,一定要注意文本对齐点的位置,文字对齐点可以移动文本,是文字间对齐的参照点,而其他的文字夹点只起到调整文本范围的作用。

5.5 尺寸标注

尺寸标注是工程图重要的组成部分,它描述了图中各个对象组成部分的大小和相对位置,是实际生产的重要依据。

尺寸标注是一项细致而繁重的工作,AutoCAD 2018 提供了一套完整而灵活的标注系统,可以根据需要设定出不同的标注格式,满足不同需求。

5.5.1 标注的概述

尺寸标注是一个复合体,以块的形式保存在图形中。它包含了尺寸线、尺寸界线、标注文本和箭头等,这些组成部分的格式由尺寸样式控制,如同文字样式一样,尺寸样式控制所有尺寸的显示格式。

AutoCAD 2018 提供了 5 种基本标注类型,分别是:线性、径向(半径和直径)、角度、坐标、弧长。工程图中还有引线标注,它属于文字范畴,在此一并放在尺寸标注中一起讲解。

5.5.2 标注的组成

标注由几种独特的元素组成:尺寸线、尺寸界线、尺寸数字和箭头,如图 5.26 所示。

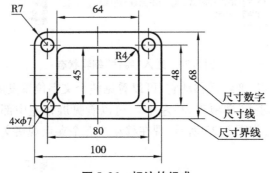

图 5.26 标注的组成

尺寸线:指示标注的方向和范围。对于角度标注,尺寸线是一段圆弧。如果标注有两个尺寸线的对象,则把建立尺寸时靠近起始点这一边的尺寸线称为第一尺寸线,另一边的尺寸线称为第二尺寸线。

尺寸界线:从当前标注的部件延伸到尺寸线。标注有两个尺寸界线的对象,则把建立尺寸时靠近起始点一边的尺寸界线称为第一尺寸界线,另一边的尺寸线称为第二尺寸界线。

尺寸数字:反映标注值,可以包括前缀、后缀和公差,也可以输入自定义的文字或完全禁用文字。

箭头:指示尺寸线的端点。

引线:形成一个从注释到参照部件的实线前导。根据标注样式,如果尺寸界线之间容纳不下标注文字,将会自动创建引线;也可以创建引线将文字或块与部件连接起来。

默认情况下,AutoCAD 2018 将会创建关联标注,即当修改标注的对象时,标注显示的测量值将会自动更新。

5.5.3 标注样式的建立

标注样式是标注设置的集合,用来控制标注的外观,如箭头样式、文字位置和尺寸公差等。以下就逐项讲解标注样式对话框中的各项设置和其控制尺寸的内容,并结合机械设计方面的要求,提示应设置的参数值。

运行样式标注有以下三种方法:

①命令:Dimstyle(D)。

②"标注"菜单→"标注样式"。

③"样式"工具栏:"标注样式" 按钮。

1)"线"选项卡

"线"选项卡如图 5.27 所示,该选项卡主要控制尺寸线和尺寸界限的属性。

图 5.27 "线"选项卡

尺寸线和尺寸界限的颜色、线型和线宽一般应该设置成随层"ByLayer",便于统一控制尺寸的颜色、线型和线宽。

"基线间距":基线标注时,两标注线间的垂直距离。注意:该设置只在基线标注时有效,手工标注时两标注线的距离是手工调整而不受该值限制,设置值一般为 8。

"超出尺寸线":控制尺寸界线超出尺寸线的距离,一般设定为2~3,如图5.28所示。

"起点偏移量":控制尺寸界线和被标注对象间的间距,一般设定为0,如图5.29所示。

"隐藏"选项控制尺寸线和尺寸界线的显示,一般打开,在局部调整时,可产生半边尺寸线的效果,常见于对称标注。

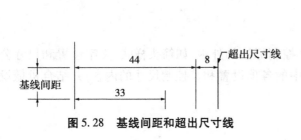

图 5.28 基线间距和超出尺寸线

图 5.29 起点偏移量

2)"符号和箭头"选项卡

"符号和箭头"选项卡如图5.30所示。箭头按国标优先选择实心闭合,也可选择开口箭头、空心箭头、斜线,如图5.31所示。

图 5.30 "符号和箭头"选项卡

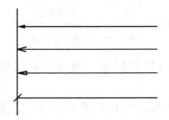

图 5.31 可选箭头类型

"箭头大小"：一般选择4。

"圆心标记"：控制直径标注和半径标注的圆心标记和中心线的外观。仅当将尺寸线放置到圆或圆弧外部时，才绘制圆心标记。

"标记"：创建圆心标记。

"直线"：创建中心线。

"大小"：显示和设置圆心标记或中心线的大小。

"折断标注"：显示和设定用于折断标注的间隙大小。

"弧长符号"：控制弧长标注的符号和文本的关系，如图5.32所示。

"半径折弯标注"：常用来标注半径很大的圆弧，其圆心往往在界限的外部，如图5.33所示。

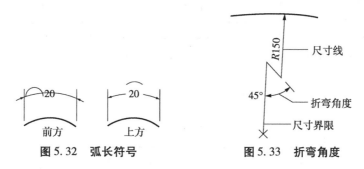

图5.32　弧长符号　　　图5.33　折弯角度

3)"文字"选项卡

"文字"选项卡用于控制标注文字的格式、放置和对齐，如图5.34所示。

图5.34　"文字"选项卡

"文字外观":从中可以设置文字的样式、颜色、文字高度以及文字的位置等。文字高度与一般文本一样,若非特殊要求,文字高度一般设置为3.5。"分数部分高度"一般用于其他单位制,在机械制图的十进制中,该项无效。

"文字位置":"水平"位置一般为"居中",标注后可再根据实际情况进行调整,如图5.35所示;"垂直"位置一般为"上方",对于角度标注也可设置为"中心"(此时标注线断开),如图5.36所示;"从标注线的偏移"指的是文字底部与尺寸线的距离,一般设置为1。

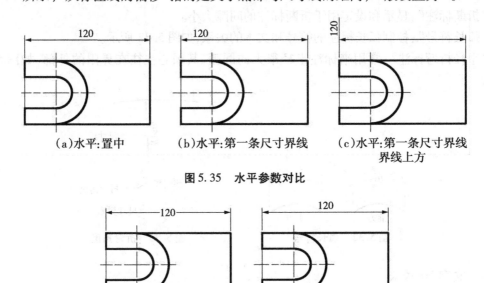

(a)水平:置中　　　　　(b)水平:第一条尺寸界线　　　(c)水平:第一条尺寸界线
　　　　　　　　　　　　　　　　　　　　　　　　　　　　　界线上方

图5.35　水平参数对比

(a)垂直:置中　　　　　　　　(b)垂直:上方

图5.36　垂直参数对比

"文字对齐":有水平、与尺寸线对齐、ISO标准三种方式。ISO标准指的是文字在尺寸线之间时平行于标注线,而文字在尺寸线外时为水平。对于半径、直径标注采用的是ISO标准,而其他的标注则采用与尺寸线对齐。

4)"调整"选项卡

"调整"选项卡控制标注文字、箭头、引线和尺寸线的放置,如图5.37所示。

"调整选项":控制置于尺寸界线之间可用空间的文字和箭头的位置。如果有足够大的空间,文字和箭头都将放在尺寸界线内。否则,将按照"调整"选项放置文字和箭头。一般选择"文字或箭头",即自动调整文本和箭头,使用该项时,箭头总是首先移至尺寸界线外;将文字移到线外时,如果线间能容纳箭头,则箭头会自动移至线内;当尺寸界线间的距离既不够放文字又不够放箭头时,文字和箭头都放在尺寸界线外。

"直径标注":在使用自动调整的时候或者用夹点移动标注文字时,如果文本在线内,直径标注只出现半边的尺寸线和箭头,如果文本在线外,才会出现两端的箭头,所以在直径标注的设置中,此选项使用的是"文字和箭头"一起调整,这样才能使文本在线内时出现两端的箭头。

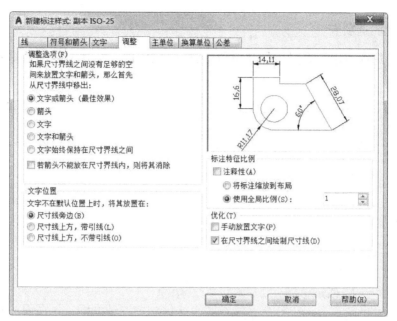

图 5.37 "调整"选项卡

"文字位置":控制文字不在其自动放置的位置上时(即标注样式"文字"选项卡中所设定的位置)与标注线之间进行连接,一般使用的是置于标注线侧,而进行小尺寸的连续标注时,需再进行局部的修改,将其更改为第二项"尺寸线上方,带引线",如图 5.38 所示。

图 5.38 更改为"尺寸线上方,带引线"的示意图

"标注特征比例":控制标注各个组成部分的缩放比例。这里和文字高度的要求是一样的,可参见文字高度中的讲解。假定绘图空间是 A3 大小的,标注的文字高度是 3.5,如果将其打印在 A4 大小的图纸上时,则需将"使用全局比例"值改为 2。这样才能保证打印文字的高度不变。

"将标注缩放到布局":在图纸空间布局中显示尺寸大小为布局中缩放比例 x 设定大小。

"优化":选项中"手动放置文字"指的是在标注结束前还要确定文字的放置位置。一般不选。

如果不选中"在尺寸界线之间绘制尺寸线",则当箭头处于延伸线之外,延伸线之间的标注线段不会绘出。所以应该该项选中,如图 5.39 所示。

(a)在尺寸界限之间绘制尺寸线 　　　　(b)在尺寸界限之间绘制尺寸线
　　　(关)　　　　　　　　　　　　　　　　(开)

图 5.39 "在尺寸界线之间绘制尺寸线"参数含义

5)"主单位"选项卡

"主单位"选项卡用于设置主标注单位的格式、精度以及标注文字的前缀和后缀,如图 5.40 所示。

图 5.40 "主单位"选项卡

"线性标注":"单位格式"即为单位制,对于机械制图,使用的是十进制,选择"小数"。"精度"是指小数点后的有效位数,根据零件所需精度选择。"小数分割符"指的是小数点的样式,可以是逗号","、圆点"."和空格,国家标准中选择用圆点。"舍入"指的是以所填数字为基数进行四舍五入,即舍入后的尺寸为基数的倍数。比如所填基数为 0.25,如果实际尺寸为 0.20,则显示出来也是 0.25,如果实际尺寸为 0.40,由于它较接近于 0.25 的倍数 0.50,故显示为 0.50。在一般的机械制图中,由于采用了"精度"进行控制,所以此项填为 0,即不采用舍入规则。"前缀"和"后缀"是指在标注尺寸之前或之后增加一些字符,如直径符号"φ"、半径符号"R"、尺寸后续单位"mm"或其他文字。

"测量单位比例":"比例因子"指的是显示的文字尺寸与实际的尺寸的比例,由于有些图形必须缩小或放大以适应图框的大小,所以图形中的尺寸已不能代表零件的实际尺寸,通过该项,可以将图形中的尺寸乘以一个比例因子以与零件的实际尺寸相配。如果你所绘制的图形比例为 2 : 1(放大一倍),那么你在比例因子项所填的比例应该为 0.5,而如果你所绘制的图形比例为 1 : 2(缩小一倍),则比例因子应为 2。通常情况下,如果图形比例为 1 : 1,则该比例因子为 1。"仅应用到布局标注"指的是该比例因子的设置只适用于图纸空间,对于模型空间无效。

"消零":"前导"选项不输出所有十进制标注中的前导零,例如 0.5000,启用"前导",将

变成 .5000。"后续"选项不输出所有十进制标注中的后续零,例如 12.5000,启用"后续",将变成 12.5。

"角度标注":角度标注的"单位格式"有多种可以选择,在机械制图中,可以选择"十进制度数"或"度、分、秒"两种。精度保留小数点后两位或一位都可以,消零的设置与线性标注相同。

6)"换算单位"选项卡

当绘图模型中采用的单位制和实际使用的单位制不一致时,可用"换算单位"选项卡来设定,如图 5.41 所示。如以英寸为单位绘制图形后,若想知道其公制的值为多少,则可使用该选项卡来完成。一般该选项不用。

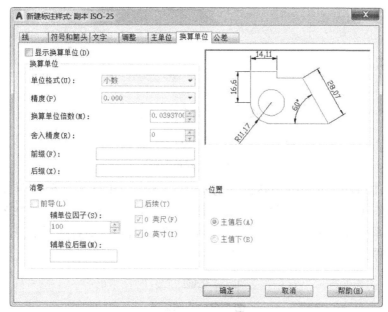

图 5.41 "换算单位"选项卡

"换算单位倍数":指定一个乘数,作为主单位和换算单位之间的换算因子使用。例如,要将英寸转换为毫米,则输入 25.4。此值对角度标注没有影响。

7)"公差"选项卡

"公差"选项卡用于控制标注文字中公差的格式及显示,如图 5.42 所示。公差一般不在此处直接设置,因为不同的尺寸,其公差值不同,只能进行个别的调整,但可以预设一些通用选项的公差。

"公差格式"选项中,首先要选择某种方式的公差,几种公差方式的形式如下:

无:不添加公差。

对称:添加公差的正/负表达式,其中一个偏差量的值应用于标注测量值。标注后面将显示加号或减号,在"上偏差"中输入公差值,如图 5.43 所示。

图 5.42　"公差"选项卡

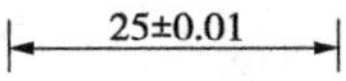

图 5.43　对称公差

极限偏差:添加正/负公差表达式。缺省在"上偏差"中输入的公差值前面显示正号(+);在"下偏差"中输入的公差值前面显示负号(-),如图 5.44 所示。当在公差值前面加"+"和"-"时,系统自动将符号和缺省符号相乘得到新的符号,如若在下偏差值前加"-"号,则符号将负负得正,变成正号。

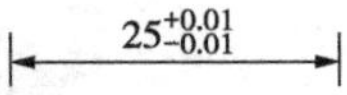

图 5.44　极限偏差

极限尺寸:创建极限标注。在此类标注中,将显示一个最大值和一个最小值,一个在上,另一个在下,如图 5.45 所示。最大值等于标注值加上在"上偏差"中输入的值。最小值等于标注值减去在"下偏差"中输入的值。

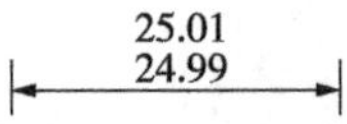

图 5.45　极限尺寸

基本尺寸:创建基本标注,这将在整个标注范围周围显示一个框,如图 5.46 所示。

图 5.46　基本尺寸

高度比例:设定标注尺寸和偏差值的大小比例。如果公差格式是极限偏差,该值设定为0.71,即文字高 3.5,偏差高 0.25;如果公差格式是对称,则该值设定为原始值:1。

垂直位置:设定标注尺寸文字和偏差间的位置关系。在标注机械图时,建议使用"中"。

其他的设定与之前"主单位"选项卡设定一样,这里就不重复了。设定好公差后,将"公差格式"设定为"无",这样就可取消公差的使用。

5.5.4 标注尺寸的准备工作

在标注图样尺寸前应该完成以下工作:

①建立标注图层。图层名应该根据制图要求命名,一般可命名为"标注"或"dim";线型为 Continuous;颜色:绿色;线宽设置为0.25。

②关闭无关的图层,如放置剖面线的层,避免标注中选择到错误点。

③建立符合国家标准的标注文本。一般文字样式起名为"标注";字体为"gbeitc. shx",大字体为"gbcbig. shx"。

④创建新的尺寸样式。

⑤事实上,除了第②项,其余的步骤并不需要每次作图前都操作,这些设定可以在模板建立时完成。可以选择模板时,应该选择 AutoCAD 2018 中的国标模板,这些模板以"Gb"开头,如:Gb_a4-Named Plot Styles. dwt。

在创建尺寸时,系统自动将建立"Defpoints"的图层,该图层上保留了一些标注信息,不能删除该图层。

【例题5.8】练习建立符合国家标准的尺寸标注的尺寸样式,使用尺寸标注样式簇来建立适用于不同标注类型的标注格式。

①采用 Gb_a4-Named Plot Styles. dwt 模板建立一个空白文档。

②打开"样式"工具栏,并保证工具栏放置在窗口的正上方,单击"文字样式"按钮,选择"工程字"的文字样式,将字体由"gbenor. shx"改为"gbeitc. shx",如图5.47所示。

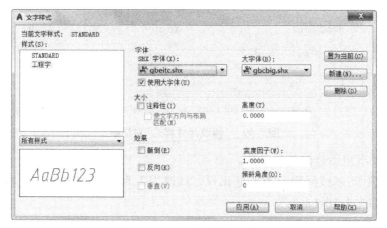

图 5.47 "工程字"文字样式

③单击"样式"工具栏前的"标注样式" ,打开标注样式对话框。或者输入命令"Dimstyle"(快捷命令为"D"或者"Dst"),如图5.48所示。

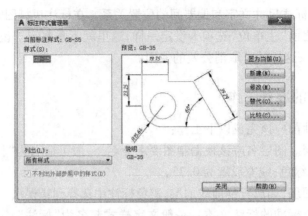

图 5.48 标注样式管理器

④该文件中有一个已经建立好的样式"GB-35"，现在单击"修改"，打开"修改标注样式"对话框，如图 5.49 所示。

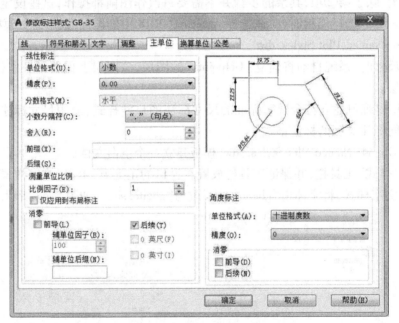

图 5.49 "修改尺寸样式"对话框

⑤按下面要求重新修改部分参数。

"直线"选项卡：基线间距改为 8；超出尺寸线改为 2；起点偏移改为 1.5（国标中为 0）；颜色、线型、线宽都改为"ByLayer"。

"符合和箭头"选项卡：箭头大小改为 4。

"文字"选项卡：从尺寸线偏移改为 1。

后续的几个选项卡参数不变，完成后单击"确定"按钮。

⑥前面介绍过，对于半径标注，其"文字"选项卡中的"文字"对齐参数为"ISO 标准"；对于直径标注其"文字"选项卡中的"文字"对齐参数为"ISO 标准"且"调整"选项卡中"调整选

项"参数为"文字与箭头"同时移动。对于角度标注其"文字"选项卡中的"垂直"参数为"置中"且"文字"对齐参数为"水平"。下面通过建立样式的直径、半径和角度子样式来修改这些参数。

⑦在 AutoCAD 2018 中每个完整的尺寸样式下又分了 6 种子样式,分别为:线性、角度、半径、直径、坐标和引线公差标注可以单独给每个子样式赋予不同的格式,这样既可保持子样式的基本格式和主样式一致如箭头、字高,又可以使子样式拥有自己特有的格式设置。这样建立的样式称为"样式簇"。在标注的过程中,这些子样式只会影响到它所对应的标注类型,而不会影响其他类型的标注。如在主样式中设定字高为 3.5,在线性标注子样式中设定字高为 5,那么角度、半径等的字高为 3.5,而线性标注的字高为 5。

⑧在 GB-35 下建立半径标注、直径标注和角度标注的子样式。

⑨在当前的"样式管理器"中单击"新建"按钮,打开"创建新标注样式",如图 5.50 所示,选择"用于"下拉框中的"半径标注",单击"继续"按钮,进入"修改标注样式"对话框。

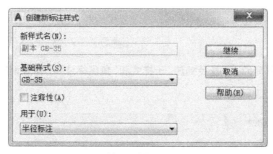

图 5.50　建立"半径标注"子样式

⑩仔细观察修改子样式中参数是否会引起到其他子样式的参数变化,而在主样式中修改参数是否会影响在子样式中的参数。

⑪按第⑦步说明,设定参数,如图 5.51 所示。

图 5.51　"半径标注"子样式的设定

⑫按设定半径标注的方法,建立"直径标注"子样式和"角度标注"子样式,如图 5.52 所示。

图 5.52 "直径标注"子样式和"角度标注"子样式设定

⑬完成后如所图 5.53 示。

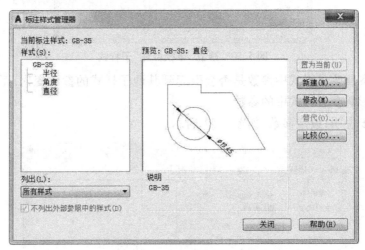

图 5.53 修改后 GB-35 样式结果

⑭单击"关闭"完成标注样式设定。

⑮单击菜单"文件"→"另存为",在格式中选择"Autocad 样本文件(＊.dwt)",以后就可以直接使用包含标准标注样式的模板文件,而不需要每次绘图前都来进行参数设定。当然在样板文件中还应该设定好图层等其他参数,参照前面所述完成模板所有参数的建立。

应当注意的是,子样式的参数修改不会影响到主样式和其他子样式的相关参数,但主样式的参数修改将影响到所有子样式的参数。所以在设定参数时,设定的次序应该是先主样式再子样式。

5.5.5　创建线性的尺寸标注

线性尺寸的标注包括水平、竖直、对齐、基线或连续(链式)标注样式。

线性尺寸一般可通过下面的两种方法来创建：

①选择被测量对象的起点和终点,创建尺寸标注。

②直接选择要标注的对象。

在创建标注过程中,用户还可以编辑标注文字、设置文字的倾斜角和尺寸的放置位置。

1)标注水平、竖直及倾斜方向尺寸

运行"水平""竖直"及"倾斜方向"命令有以下三种方法：

①命令：Dimlinear (Dli)。

②菜单："标注"→"线性"。

③工具栏："线性" ⊢ 按钮。

在 AutoCAD 2018 中,和标注相关的快捷命令都是"D+命令特征符号",如标注样式为"D"或"Dst",角度标注为"Dan"等。

【例题 5.9】建立线性标注尺寸。

①打开"5.54. dwg"文件,如图 5.54 所示,标注尺寸,如图 5.55 所示。

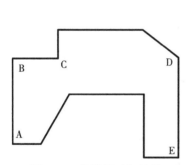

图 5.54　线性尺寸标注前

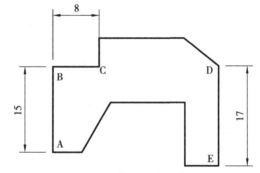

图 5.55　线性尺寸标注后

②检查 DIMASSOC 参数是否为 2,在"样式"工具栏"尺寸标注"样式选择 GB-35。

③运行"线性标注"命令后,命令行提示如下：

```
命令：dimlinear ↵
指定第一条尺寸界线原点或<选择对象>：    //打开捕捉,选择端点 A
指定第二条尺寸界线原点：              //选择端点 B
创建了无关联的标注。
指定尺寸线位置或［多行文字（M）/文字（T）/角度（A）/水平（H）/垂直（V）/旋转
（R）］://选择一个位置,单击鼠标左键放置尺寸文本
标注文字=15
命令：DIMLINEAR                      //按空格键重复线性标注命令
```

指定第一条尺寸界线原点或<选择对象>：　　　　//选择端点 B

指定第二条尺寸界线原点：　　　　　　　　　　//选择端点 C

创建了无关联的标注。

指定尺寸线位置或［多行文字（M）/文字（T）/角度（A）/水平（H）/垂直（V）/旋转（R）］://选择一个位置,单击鼠标左键放置尺寸文本

标注文字=8

命令:DIMLINEAR　　　　　　　　　　　　　　//按空格键重复线性标注命令

指定第一条尺寸界线原点或<选择对象>:↵　　　//直接按回车或空格键,选择对象

选择标注对象：　　　　　　　　　　　　　　//选择 DE 段对象

指定尺寸线位置或　　　　　　　　//选择一个位置,单击鼠标左键放置尺寸文本

［多行文字（M）/文字（T）/角度（A）/水平（H）/垂直（V）/旋转（R）］：

标注文字=17

对于倾斜的对象,如果鼠标向上拉将标注水平尺寸,向左右拉将标注竖直尺寸。如图 5.56 所示。

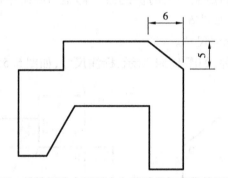

图 5.56　线性标注中不同方向移动鼠标参数的不同结果

命令选项与参数说明:

［多行文字（M）/文字（T）/角度（A）/水平（H）/垂直（V）/旋转（R）］:

"多行文字（M）":显示"文字格式"编辑器,可用它来编辑标注文字。可添加前缀或后缀,也可用控制代码和 Unicode 字符串来输入特殊字符或符号。如果编辑时删除了系统自动测量的尺寸文本,可输入"<>"来恢复尺寸文本。

"文字（T）":在命令行自定义标注文字。

"角度（A）":修改标注文字的角度。图 5.57 说明了文字转动 90°的样式。

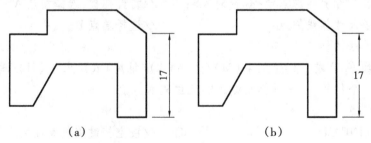

（a）　　　　　　　　　　　　　（b）

图 5.57　角度选项的使用

"水平(H)":创建水平线性标注。

"垂直(V)":创建垂直线性标注。

"旋转(R)":创建旋转线性标注,如图 5.58 所示。将调整标注线倾斜成某一角度。这时测量值将是选择对象在该角度投影的距离。该参数一般不用,可用对齐尺寸标注来替代它。

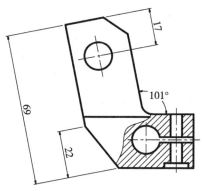

图 5.58　创建旋转线性标注

2)标注对齐尺寸

用于标注倾斜对象的真实长度。如果标注选择的是一个对象,尺寸的尺寸线平行于所选择对象;如果标注选择的是两个点,尺寸的尺寸线平行于两点连成的直线。

运行"对齐"命令有三种方法:

①命令:Dimaligned (Dal)。

②菜单:"标注"→"对齐"。

③"标注"工具栏:"对齐" 按钮。

【例题 5.10】建立对齐标注尺寸

①打开"5.59.dwg"文件,如图 5.59 所示,标注尺寸,如图 5.60 所示。

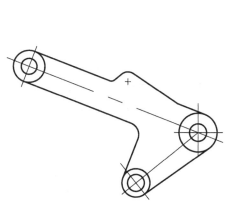

图 5.59　打开"5.59.dwg"文件

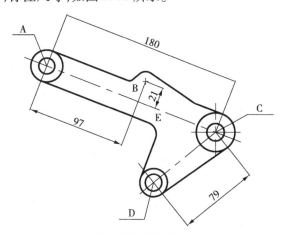

图 5.60　标注尺寸

②检查 DIMASSOC 参数是否为 2，在"样式"工具栏的"尺寸标注"样式中选择 GB-35。

③运行线性标注命令后，命令行提示如下：

```
命令：dimaligned ↵
指定第一条尺寸界线原点或<选择对象>：      //打开圆心和垂足捕捉，选择圆心 A
指定第二条尺寸界线原点：                  //选择另一圆圆心 C
指定尺寸线位置或［多行文字（M）/文字（T）/角度（A）］：
                                         //选择一个位置，单击鼠标左键放置尺寸文本
标注文字=180                             //得到线段 AC 的长度为 180 命令：DIMALIGNED
                                         //按空格键，重复对齐命令
指定第一条尺寸界线原点或<选择对象>：      //选择圆心 D
指定第二条尺寸界线原点：                  //选择另一圆圆心 C
指定尺寸线位置或［多行文字（M）/文字（T）/角度（A）］：
                                         //选择一个位置，单击鼠标左键放置尺寸文本
标注文字=79                              //得到线段 DC 的长度为 79
命令：DIMALIGNED                         //按空格键，重复对齐命令
指定第一条尺寸界线原点或<选择对象>：      //选择圆心 B
指定第二条尺寸界线原点：_per 到          //捕捉到垂足单击鼠标
指定尺寸线位置或［多行文字（M）/文字（T）/角度（A）］：
                                         //选择一个位置，单击鼠标左键放置尺寸文本
标注文字=97                              //得到线段 BA 的长度为 97
命令：DIMALIGNED                         //按空格键，重复对齐命令
指定第一条尺寸界线原点或<选择对象>：      //选择圆心 D
指定第二条尺寸界线原点：_per 到          //捕捉到 ACDE 垂足单击鼠标
指定尺寸线位置或［多行文字（M）/文字（T）/角度（A）］：
                                         //选择一个位置，单击鼠标左键放置尺寸文本
标注文字=21                              //得到线段 BE 的长度为 21
```

3）标注连续型和基线尺寸

连续型尺寸标注是一系列首尾相连的标注样式，基线尺寸标注是指所有的尺寸都从同一点开始标注，它们拥有公共的尺寸界线。在完成这两种形式的标注前，必须先建立一个尺寸标注，然后再运行命令，当系统提示"指定第二条尺寸界线原点或［放弃（U）/选择（S）］<选择>："时，按下面的说明进行操作：

①直接选择对象上的点。由于已经定义好一个尺寸标注，对于连续型标注而言，系统自动选择该尺寸的第二条尺寸界线作为基准线开始标注；对于基线标注而言，系统自动选择该尺寸的第一条尺寸界线作为基准线开始标注。

②如果不想再利用前一个生成的尺寸作为基础尺寸，可直接按回车键，系统将提示选择新的尺寸对象作为基础尺寸。选择尺寸要注意，选择的尺寸边为第一尺寸界线，这将决定连

续或基线产生的方向。

运行"连续"标注命令有以下三种方法：

①命令：Dimcontinue(Dco)。

②菜单："标注"→"连续"。

③"标注"工具栏："对齐"按钮。

【例题 5.11】建立连续标注尺寸和样式替代的使用。

①将如图 5.61 所示的图形标注尺寸，结果如图 5.62 所示。

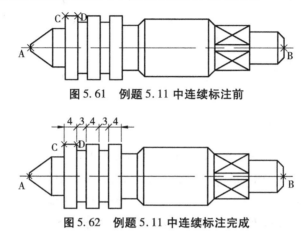

图 5.61　例题 5.11 中连续标注前

图 5.62　例题 5.11 中连续标注完成

②检查 DIMASSOC 参数是否为 2，在"样式"工具栏"尺寸标注"样式中选择 GB-35。

③用"Dist"命令测量 AB 两点的距离，可见距离为 80，最终打印到图纸的大小为 A4，这样在打印的时候需要将图形放大一倍，而之前建立的 GB-35 中的文字大小为 3.5，放大一倍后将变成 7，故需要调整 GB-35 中的全局比例，将标注对象的大小事先缩小 1 倍。

④输入"Dimstyle"命令或者"D"，启动标注样式管理器，选择样式"GB-35"，如图 5.63 所示。单击"修改"按钮，在"调整"选项卡中设定全局比例为 0.5，如图 5.64 所示。

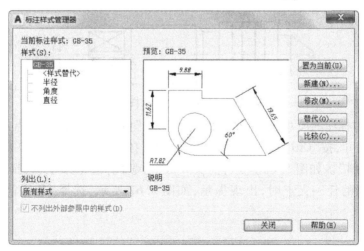

图 5.63　选择样式"GB-35"

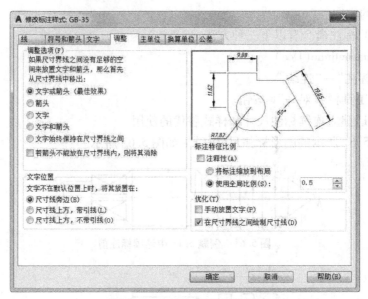

图 5.64 全局比例设定为 0.5

⑤输入"Dimlinear"或"Dli"运行线性标注命令后,命令行提示如下:

命令:Dimlinear ↵   //运行线性标注命令

指定第一条尺寸界线原点或<选择对象>:<打开对象捕捉>   //选择 C 点

指定第二条尺寸界线原点: //选择 D 点

指定尺寸线位置或[多行文字(M)/文字(T)/角度(A)/水平(H)/垂直(V)/旋转(R)]:   //选择一个位置,单击鼠标左键放置尺寸文本

标注文字=4

标注结果如图 5.65 所示。

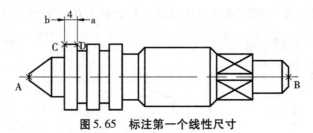

图 5.65 标注第一个线性尺寸

⑥图 5.65 中标注的尺寸"4"在 D 点处的"箭头 1"应删去,且保证 C 点的箭头在尺寸界线外。选择该尺寸,按"Ctrl+1"打开"特性"对话框,在"直线和箭头"选项卡中选择"箭头 2"的参数为"倾斜"。如图 5.66 所示,箭头 2 放到尺寸界线中来了,选择该尺寸,将光标移至尺寸线两端的任一夹点时,出现提示,如图 5.67 所示,选择"翻转箭头",结果如图 5.68 所示。

图5.66 修改箭头2的参数为倾斜

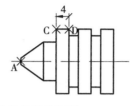

图5.67 选择"翻转箭头"

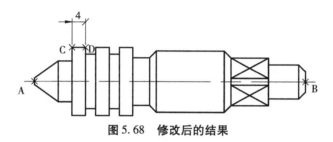

图5.68 修改后的结果

⑦图5.62中后面的尺寸标注的箭头都是倾斜的,但如果直接改变样式"GB-35"的设置会导致所有的尺寸样式发生变化,实际上只需临时改变标注的样式即可。这样,只会影响将要建立的标注样式,而不会影响到现有的标注样式。

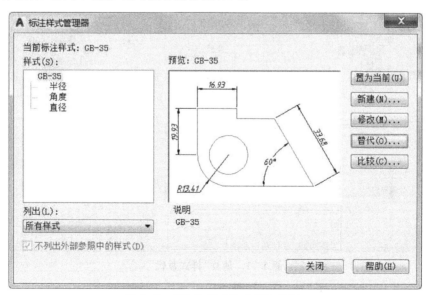

图5.69 "标注样式管理器"对话框

⑧输入命令"Dimstyle"或者"D",打开标注样式管理器,选择样式"GB-35",选择"GB-35"设置为当前样式,单击"替代(O)"按钮,如图 5.69 所示。将打开"标注样式修改"对话框。修改第一个箭头为"无",第二个箭头为"倾斜"如图 5.70 所示。单击确定按钮回到标注样式管理器,可见样式管理器中多个"样式替代"的子样式,如图 5.71 所示。

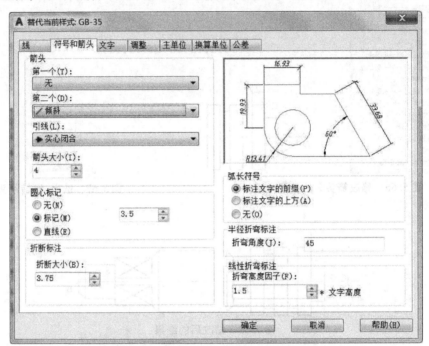

图 5.70　修改第一个箭头和第二个箭头

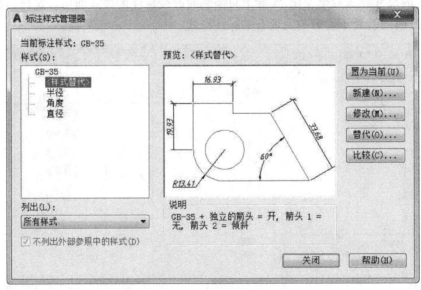

图 5.71　建立"样式替代"

⑨输入命令"Dimcontinue"或"Dco",命令行提示如下:

```
命令:dimcontinue ↵                                              //运行连续标注命令
指定第二条尺寸界线原点或[放弃(U)/选择(S)]  <选择>:      //选择点 E
标注文字=3
指定第二条尺寸界线原点或[放弃(U)/选择(S)]  <选择>:      //选择点 F
标注文字=4
指定第二条尺寸界线原点或[放弃(U)/选择(S)]  <选择>:      //选择点 G
标注文字=3
指定第二条尺寸界线原点或[放弃(U)/选择(S)]  <选择>:      //选择点 H
标注文字=4
指定第二条尺寸界线原点或[放弃(U)/选择(S)]  <选择>:      //按空格键结束命令
```

连续型尺寸标注结果如图 5.72 所示。

⑩可见最后标注的尺寸"4"右边箭头不符合要求,参照第⑥步操作,完成尺寸格式修改。选择该尺寸,按"Ctrl+1"组合键,运行"特性"对话框,在"直线和箭头"选项卡中选择"箭头2"的参数为"实心闭合"。选择尺寸,将光标移至尺寸线两端的任一夹点上,在出现的鼠标提示中选择"翻转箭头"。如果文字不在其中间,可以选中标注的文字后通过夹点移动的方法将文本放在其中间。

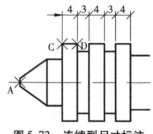

图 5.72　连续型尺寸标注

⑪运行"样式替代"后,在"样式"工具栏中的"标注样式"下拉框中,再次选择"GB-35"样式,将取消"样式替代"。"样式替代"在机械工程图的绘制过程中将经常使用到。

运行"基线"标注命令有以下三种方法:

①命令:Dimbaseline(Dba)。

②菜单:"标注"→"基线"。

③"标注"工具栏:"基线" 按钮。

【例题 5.12】标注基线尺寸。

①将如图 5.73 所示的图形标注尺寸,结果如图 5.74 所示。

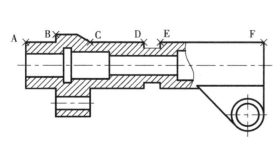

图 5.73　例题 5.12 中基线尺寸标注前

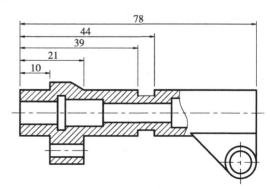

图 5.74　例题 5.12 中基线尺寸标注后

②检查 DIMASSOC 参数是否为 2,在"样式"工具栏"尺寸标注"样式下拉框中选择"GB-35"。

③输入"Dimlinear"或 dli 运行线性标注命令后,命令行提示如下:

命令:Dimlinear ↵   //运行线性标注命令
指定第一条尺寸界线原点或<选择对象>:<打开对象捕捉>   //选择 A 点
指定第二条尺寸界线原点: //选择 B 点
指定尺寸线位置或[多行文字(M)/文字(T)/角度(A)/水平(H)/垂直(V)/旋转(R)]:   //选择一个位置,单击鼠标左键放置尺寸文本
标注文字=50

④输入"Dimbaseline"或 dba 运行基线标注命令后,命令行提示如下:

命令:dimbaseline ↵   //运行基线标注命令
指定第二条尺寸界线原点或[放弃(U)/选择(S)] <选择>:   //选择 C 点
标注文字=110
指定第二条尺寸界线原点或[放弃(U)/选择(S)] <选择>:   //选择 D 点
标注文字=226
指定第二条尺寸界线原点或[放弃(U)/选择(S)] <选择>:   //选择 E 点
标注文字=256
指定第二条尺寸界线原点或[放弃(U)/选择(S)] <选择>:   //选择 F 点
标注文字=316
指定第二条尺寸界线原点或[放弃(U)/选择(S)] <选择>:   //按回车键结束命令

5.5.6 径向标注

径向标注包括"半径"、"直径"和"折弯"标注。在标注半径和直径尺寸时,系统自动在标注文字的前面加"R"和"ϕ"符号。

(1)运行"半径标注"命令的三种方法

①命令:Dimradius(Dra)。

②菜单:"标注"→"半径"。

③"标注"工具栏:"半径"按钮。

(2)运行"直径"标注命令的三种方法

①命令:Dimdiameter(Ddi)。

②菜单:"标注"→"直径"。

③"标注"工具栏:"直径"按钮。

(3)运行"折弯标注"命令的三种方法

①命令:Dimbaseline(Dba)。

②菜单:"标注"→"折弯"。

③"标注"工具栏:"折弯"按钮。

【例题 5.13】练习径向标注。

①将如图 5.75 所示的图形作"径向标注"。

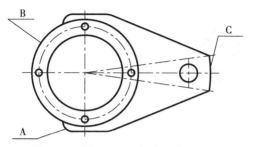

图 5.75　例题 5.13 中"径向标注"前

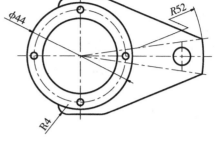

图 5.76　例题 5.13 中"径向标注"后

②依次运行"半径"直径标准"折弯标注"命令后,命令行提示如下:

```
命令:dimradius ↵                                    //运行半径标注命令
选择圆弧或圆:                                        //选择圆弧 A
标注文字=4
指定尺寸线位置或[多行文字(M)/文字(T)/角度(A)]:      //将尺寸放置在圆弧外面
命令:dimdiameter ↵                                  //运行直径标注命令
选择圆弧或圆:                                        //选择圆 B
标注文字=44
指定尺寸线位置或[多行文字(M)/文字(T)/角度(A)]:      //将尺寸放置在圆外面
命令:dimjogged ↵                                    //运行折弯标注命令
选择圆弧或圆:                                        //选择圆弧 C
指定图示中心位置:                                    //选择圆弧 C 下的点
标注文字=52
指定尺寸线位置或[多行文字(M)/文字(T)/角度(A)]:      //在圆弧里面合适位置单
击鼠标左键
指定折弯位置:     //选择在圆弧里面另一位置点鼠标左键控制折弯符号的大小和位置
命令:*取消*                                         //按回车键结束命令
```

完成"径向标准"后的图形如图 5.76 所示。

5.5.7　角度标注

标注尺寸时,通过选择两线、三点或者一段圆弧来创建角度尺寸。

角度尺寸样式中,选择文本垂直位置为"中心";文本对齐方式为"水平"。

运行"角度"标注命令有三种方法:

①命令:Dimangular(Dan)。

②菜单:"标注"→"角度"。

③"标注"工具栏:"角度" 按钮。

【例题 5.14】练习角度命令。

①将如图 5.77 所示的图形作"角度标注",标注结果如图 5.78 所示。

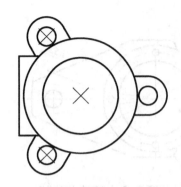 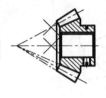 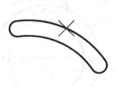

（a）选择三点的"角度标注" 　　（b）选择两线的"角度标注" 　　（c）选择圆弧的"角度标注"

图 5.77　例题 5.14 中角度标注前

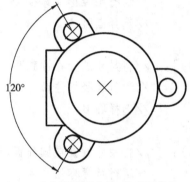 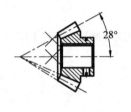 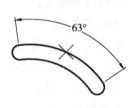

（a）选择三点的"角度标注" 　　（b）选择两线的"角度标注" 　　（c）选择圆弧的"角度标注"

图 5.78　例题 5.14 中角度标注后

②按下面命令提示完成标注。

命令：dimangular ↵	//运行角度标注命令
选择圆弧、圆、直线或<指定顶点>:	//直接按回车键，选择顶点
指定角的顶点：	//选择圆心点
指定角的第一个端点：	//选择上方小圆的圆心
指定角的第二个端点：	//选择下方小圆的圆心

指定标注弧线位置或[多行文字（M）/文字（T）/角度（A）]:　//选择文本放置位置，放在图形外。

标注文字 = 120

命令：dimangular ↵	//按空格键重复角度标注命令
选择圆弧、圆、直线或<指定顶点>:	//选择上方直线
选择第二条直线：	//选择下方直线

指定标注弧线位置或[多行文字（M）/文字（T）/角度（A）]:　//选择文本放置位置，放在图形外

标注文字 = 28

命令：dimangular ↵　　　　　　　　　　　　　　//按空格键重复角度标注命令

选择圆弧、圆、直线或<指定顶点>：　　　　　　　　//选择圆弧
指定标注弧线位置或[多行文字(M)/文字(T)/角度(A)]：　　//选择文本放置位置
标注文字=63

5.5.8　坐标标注

坐标标注测量原点(称为基准)到标注对象(例如部件上的一个孔圆心)的垂直距离。这种标注保持特征点与基准点的精确偏移量,从而避免增大误差。

系统使用当前 UCS 的绝对坐标值确定坐标值。在创建坐标标注之前,通常需要重设 UCS 原点使其与基准相符。

在标注样式方面,不管当前标注样式如何定义文字方向,坐标标注文字总是与坐标引线对齐。在模具装配图中经常用到坐标标注。

运行"坐标"标注命令有三种方法:

①命令:Dimordinate(Dor)。

②菜单:"标注"→"坐标"。

③"标注"工具栏:"坐标"按钮。

5.5.9　公差标注

公差分为尺寸公差和形位公差两种形式。

1)创建尺寸公差

创建尺寸公差的方法有:

①临时建立一个"替代样式"(为了方便也可以创建一个新的"公差样式",在该样式中将"公差"选项卡打开;但由于标注中公差值是不一样的,修改而要逐个进行),然后在"特性"对话框中修改它的公差值。

②用标注中的多行文本选项,在多行文本中创建堆叠文字。

值得注意的是,采用样式控制公差时,尺寸公差是依附于线性、半径、直径、角度尺寸上的,如果直接运行"修改样式"打开"公差"选项,则会让所有使用该尺寸样式的尺寸都加上公差,所以只能使用"替代样式"来创建临时的"标注样式",或者先标注尺寸,再通过"特性"对话框来修改。

使用样式控制时,需要修改的参数有:"公差"选项中的高度比例设定为 0.71(即标注文本为 3.5 高时,公差文本为 2.5 高);垂直位置设定为"中"。

【例题 5.15】练习尺寸公差标注。

①将如图 5.79 所示的图形完成尺寸标注,标注结果如图 5.80 所示。

②选择标注样式为"GB-35",输入命令"Dimstyle"或"d",打开标注样式管理器。

③选择"替代"按钮进入样式替代,在"公差"选项卡中,选择精度为小数点后两位,公差数字不填,高度比例为 0.7,垂直位置为中,将后续零打上钩。

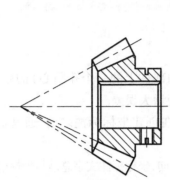

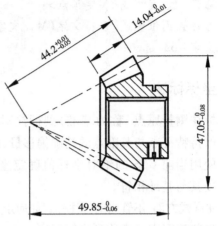

图 5.79　例题 5.15 中尺寸公差标注　　图 5.80　例题 5.15 中尺寸公差标注完成

④输入命令开始标注尺寸,命令行提示如下:

```
命令:dimaligned ↵                                    //运行对齐标注命令
指定第一条尺寸界线原点或<选择对象>:                     //直接按回车键
选择标注对象:                                          //选择标注对象
指定尺寸线位置或[多行文字(M)/文字(T)/角度(A)]:          //放置标注文本
标注文字=14.04
命令:dimbaseline ↵                                    //运行基线标注命令
指定第二条尺寸界线原点或[放弃(U)/选择(S)]<选择>:
选择基准标注:
指定第二条尺寸界线原点或[放弃(U)/选择(S)]<选择>:
标注文字=44.2
指定第二条尺寸界线原点或[放弃(U)/选择(S)]<选择>:
选择基准标注:*取消*                                    //按回车键结束命令
命令:dimlinear ↵                                      //运行线性标注命令
指定第一条尺寸界线原点或<选择对象>:
指定第二条尺寸界线原点:
指定尺寸线位置或
[多行文字(M)/文字(T)/角度(A)/水平(H)/垂直(V)/旋转(R)]:
标注文字=47.05
命令:dimlinear ↵                                      //按空格键重复线性标注命令
指定第一条尺寸界线原点或<选择对象>:
指定第二条尺寸界线原点:
指定尺寸线位置或
[多行文字(M)/文字(T)/角度(A)/水平(H)/垂直(V)/旋转(R)]:
标注文字=49.85
```

⑤选择第一个标注对象,按"ctrl+1"组合键打开"特性"对话框,如图5.81所示。在对话框的"公差下偏差"一栏中输入"0.01",注意缺省下偏差就是负值,不要人为地在前加负号。按回车键后,再按"ESC"键取消当前对象选择。

⑥依次选择其他的尺寸,按上一步的方法完成所有尺寸公差值的输入。

2)创建形位公差

形位公差表示特征的形状、轮廓、方向、位置和跳动的允许偏差,创建形位公差的方法有:

①命令:Tolerance。

②命令:Qleader(在引线标注中创建)。

采用上述方法中的任意一种都可以调出"形位公差"对话框,如图5.82(a)所示。

图5.81 "特性"对话框中修改下偏差

形位公差至少由两个部分组成。第一个部分是形位公差包含的一个几何特征符号,表示应用公差的几何特征,例如位置、轮廓、形状、方向或跳动。单击对话框符号下面的框格,将弹出"特征符号"对话框,如图5.82(b)所示。第二个部分是它的公差范围值。形位公差还包括的项目有:公差的包容条件,公差的基准参照。这些设置应该在相应的的对话框选择,如图5.82(c)所示。

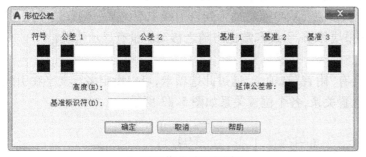

（a）"形位公差"对话框

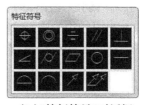

（b）"特征符号"对话框

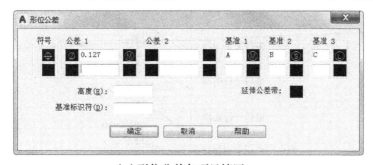

（c）形位公差各项目填写

图5.82 "形位公差"对话框图解

事实上形位公差的标注中更使用较多的是引线中插入公差。

5.5.10 引线标注

引线标注是一条线或样条曲线,其一端带有箭头,另一端带有多行文字对象、图形、块或者形位公差。引线与多行文字对象相关联,当移动文字对象时,引线会随之拉伸。当打开关联标注,并使用对象捕捉确定引线箭头的位置时,引线则与附着箭头的对象相关联。如果移动该对象,箭头也重定位,并且引线相应拉伸。

在机械制图中,常用引线标注完成孔、形位公差和装配图中的零件编号标注。

运行"引线"标注命令有以下三种方法:

①命令:Qleader(Le)。

②菜单:"标注"→"引线"。

③工具栏:"引线" 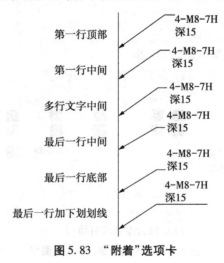 按钮。

命令选项与参数说明:

"注释"选项卡主要设置引线注释的类型。

"多行文字":提示创建多行文字注释。

"复制对象":提示用户复制多行文字、单行文字、公差或块参照对象,并将副本连接到引线末端。副本与引线是相关联的,这就意味着如果复制的对象移动,引线末端也将随之移动。钩线的显示取决于被复制的对象。

"公差":显示"公差"对话框,用于创建将要附着到引线上的特征控制框。

"块参照":提示插入一个块参照。块参照将插入到自引线末端的某一偏移位置处,并与该引线相关联,这就意味着如果块移动,引线末端也将随之移动。没有显示钩线。

"无":创建无注释的引线。

对于引线中的多行文字会有"附着"选项卡,通过此选项卡,可以设定多行文字在引线左边或右边相对于引线末端的位置关系,各个位置关系如图5.83所示。

第一行顶部　4-M8-7H 深15

第一行中间　4-M8-7H 深15

多行文字中间　4-M8-7H 深15

最后一行中间　4-M8-7H 深15

最后一行底部　4-M8-7H 深15

最后一行加下划划线　4-M8-7H 深15

图5.83 "附着"选项卡

【例题 5.16】练习引线标注。

①将如图 5.84 所示的图形完成"引线标注",结果如图 5.85 所示。

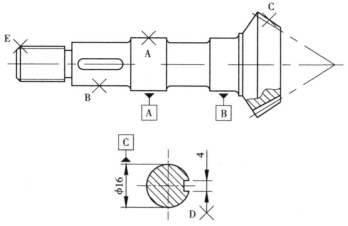

图 5.84　例题 5.16 中引线标注前

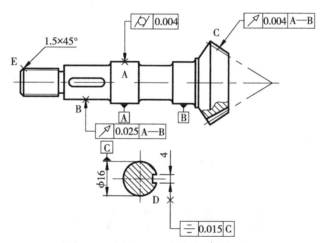

图 5.85　例题 5.16 中完成引线标注后

②输入"Qleader"或"Le"命令,运行引线标注命令,先标注 A 点处的圆柱度公差,命令行提示如下:

命令:qleader ↵　　　　　　　　　　　//运行引线标注命令

指定第一个引线点或[设置(S)]<设置>:　　//直接按回车键,进入设置菜单,如图 5.86 和图 5.87 所示指定第一个引线点或[设置(S)]<设置>:

指定下一点:　　//在对象上选择一点,然后向上移动鼠标,在合适位置单击鼠标左键。注意这时只能在90°方向移动。

指定下一点:　　//向右移动鼠标,可临时关闭对象捕捉,距离不要太多,注意这时最好按下"shift"键,让鼠标在水平方向移动。在合适位置单击鼠标左键,将打开"公差设置"菜单,按图 5.88 所式设置。完成单击确定,完成结果如图 5.89。

图 5.86　指定第一个引线点

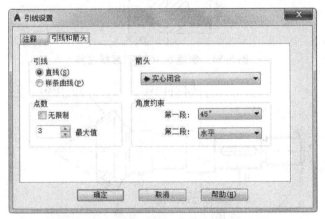

图 5.87　角度约束第一段 90° 第二段水平

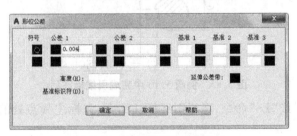

图 5.88　"公差设置"菜单图

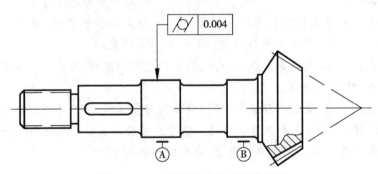

图 5.89　A 点处圆柱度公差完成结果

③输入"Qleader"或"Le"命令,开始引线标注,标注 B 点处的圆跳动公差,命令行提示如下:

　　命令:qleader ↵　　　　　　　　　　　　//按空格键重复引线标注命令
　　指定第一个引线点或[设置(S)] <设置>:　　//直接按回车键,进入设置菜单
　　指定第一个引线点或[设置(S)] <设置>:
　　指定下一点:　　//在对象上选择一点,然后向上移动鼠标,在合适位置单击鼠标左键。注意这时只能在 90°方向移动。
　　指定下一点:　　//向右或者左移动鼠标,可临时关闭对象捕捉,距离不要移动太多,注意这时只能在水平方向移动。在合适位置单击鼠标左键,将打开公差设置对话框。如图 5.90 所示进行设置,完成结果如图 5.91 所示。

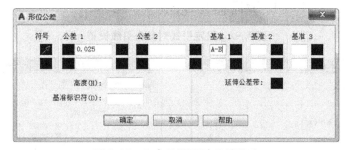

图 5.90　B 点处圆跳动公差设定

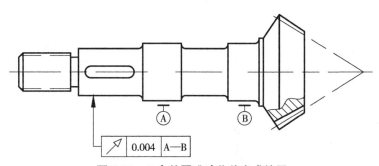

图 5.91　B 点处圆跳动公差完成结果

④按照第③步完成 C、D 点的公差标注。但是要注意,C 点处设置中要保证角度约束中的第一段为"任意角度"。D 点处设置中将箭头设置改为"无"。

⑤完成 E 点处多行文本输入。保证文字样式为"工程字"。

⑥输入"Qleader"或"Le",运行"引线标注"命令后,命令行提示如下:

　　命令:qleader ↵　　　　　　　　　　　//按空格键重复引线标注命令
　　指定第一个引线点或[设置(S)] <设置>:　　//按回车键进入设置,设置如图 5.92—图 5.94 所示
　　指定第一个引线点或[设置(S)] <设置>:
　　指定下一点:　　　　　　　　　　　//选择 C 点,移动光标,注意这时只能在 45°方向移动
　　指定下一点:↵　　　　　　　　　　//直接按回车键,这里只有一段引线对象

指定文字宽度<0>:↵　　　//直接按回车键

输入注释文字的第一行<多行文字(M)>:1.5×45%%d ↵

　　//输入文本后,按回车键完成文字输入

输入注释文字的下一行:↵　　　//按回车键完成命令,结果如图5.95 所示

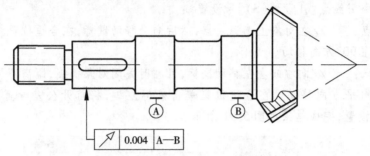

图5.92　设定引线对象为引线设置

图5.93　设定引线和箭头

图5.94　设定附着

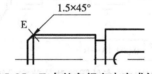

图5.95　E 点处多行文本完成结果

⑦移动文字对象,引线也会随之移动。如果移动引线对象,文字则不会移动。故移动过程中应该选择"文字移动",或用"Stretch"命令同时选中文字和引线来移动文字。

5.5.11　编辑尺寸标注

(1)文字的编辑

如果仅仅只编辑文字,则最方便的方法是用"Ddedit"命令,它还能编辑公差对象。

(2)箭头方向的调整

选择某一箭头,单击鼠标右键,选择"箭头翻转",可调整箭头的朝向,非常方便。

(3)改变尺寸界线和倾斜角度

命令"Dimedit"主要用来调整尺寸的文本位置、尺寸界线倾斜角度、旋转文本角度,也能

用来编辑文本。该命令还能同时调整多个标注尺寸。

（4）利用夹点编辑标注位置

夹点编辑是调整标注文本、尺寸界线位置最方便的方法。

（5）利用"特性"对话框修改属性

特性对话框能调整尺寸标注所有的参数。"特性"对话框编辑尺寸有个好处，即当多个尺寸的某个属性不一样时，可以选择多个尺寸，然后修改它们的参数，让参数设定一致。

（6）更新标注

当你想将某个尺寸的样式改为新的尺寸样式时，可用下面两种方法：

①选择尺寸，在"样式"工具栏的样式列表下选择新的标注样式。

②使用命令"Dimstyle"完成对某个尺寸的更新，该命令能将当前的"样式替换"的属性赋予尺寸。

实训项目 5

5.1　请按照图 5.96 的要求标注尺寸。

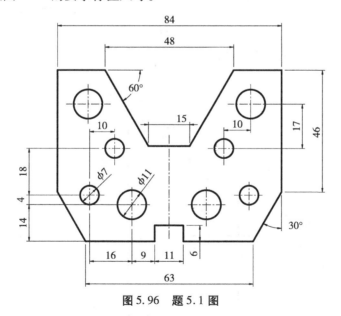

图 5.96　题 5.1 图

5.2　请按照图 5.97 的要求标注尺寸。

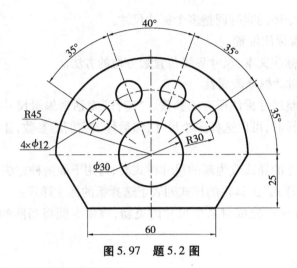

图 5.97　题 5.2 图

5.3　请按照图 5.98 的要求标注尺寸。

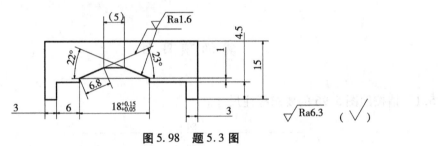

图 5.98　题 5.3 图

5.4　请按照图 5.99 的要求标注尺寸。

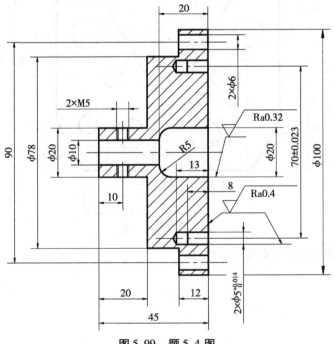

图 5.99　题 5.4 图

5.5 请按照图 5.100 的要求标注尺寸。

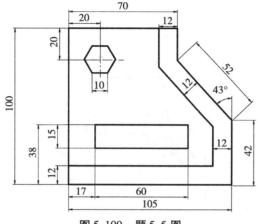

图 5.100 题 5.5 图

5.6 请按照图 5.101 的要求标注尺寸。

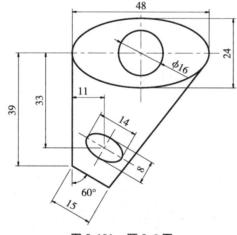

图 5.101 题 5.6 图

5.7 请按照图 5.102 的要求标注尺寸。

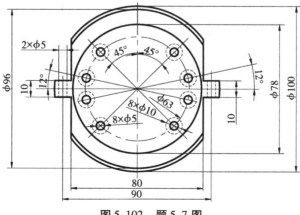

图 5.102 题 5.7 图

5.8 请按照图 5.103 的要求标注尺寸。

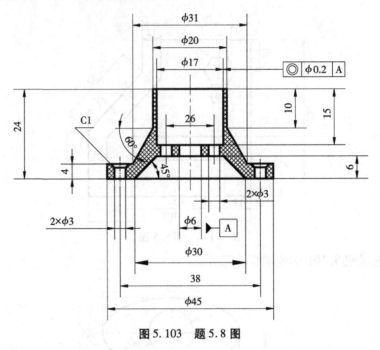

图 5.103 题 5.8 图

5.9 请按照图 5.104 的要求标注尺寸。

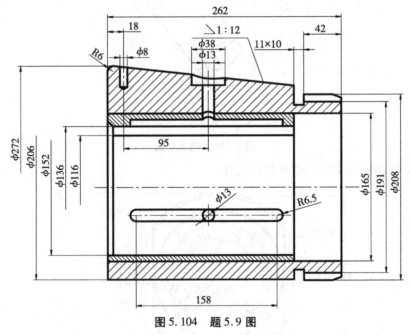

图 5.104 题 5.9 图

5.10 请按照图 5.105 的要求标注尺寸。

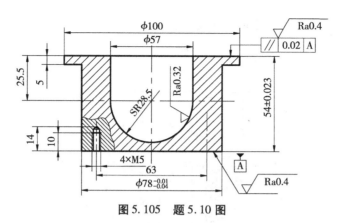

图 5.105　题 5.10 图

5.11　请按照图 5.106 的要求标注尺寸。

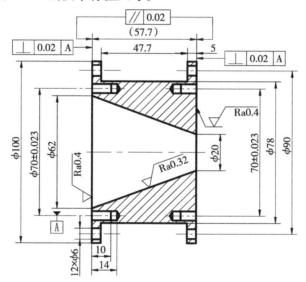

图 5.106　题 5.11 图

5.12　请按照图 5.107 的要求标注尺寸。

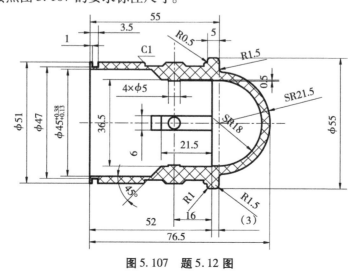

图 5.107　题 5.12 图

5.13 请按照图 5.108 的要求标注尺寸。

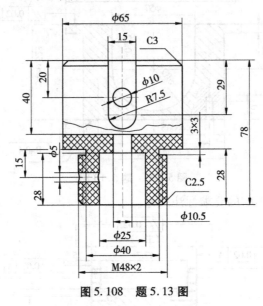

图 5.108 题 5.13 图

《提高篇》

第6章　零件图

零件图是实际生产中的重要文件,绘制零件图是工程技术人员最基本的要求。使用 AutoCAD 2018 来绘制零件图,除了用到前面介绍的各种绘图、编辑、注写文字、尺寸标注、图层设置等方法外,还涉及样板图和图块的制作。它既能提高绘图速度,又能使绘制的零件图符合国家标准。本章将重点介绍样板图、图块的制作方法和典型零件图的绘制。

零件图是设计部门提交给生产部门的重要文件,它不仅反映了设计者的设计意图,而且还注明了零件的各种技术要求,如表面粗糙度、尺寸公差和形位公差等。这是制造和检验零件的重要依据。

如图 6.1 所示,一张完整的零件图,应具有下列内容:

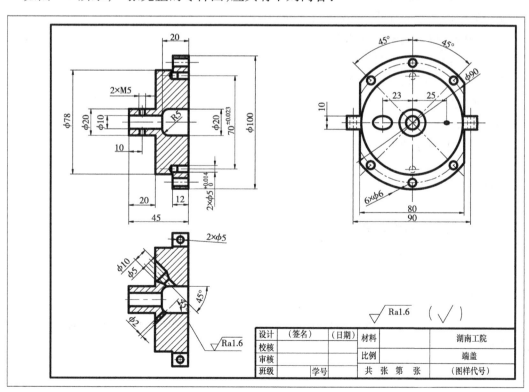

图 6.1　完整的零件图

（1）一组视图

它主要表达零件的结构形状。要根据零件的结构特点选择适当的视图、剖视、断面等表达方法，将零件的结构形状表达清楚。

（2）完整的尺寸

它主要反映零件的大小。尺寸标注要正确、完整、清晰和合理。

（3）技术要求

它包括尺寸公差、形位公差、表面粗糙度、表面处理、热处理等。

（4）标题栏

它包括零件名称、材料、数量、比例、图号以及设计、制图、审核人员的责任签字等。

6.1 样板图的创建

AutoCAD 2018 提供了多种模板，但没有符合我国工程制图标准的模板。因此，我们需要创建样板图，在创建新的图形文件时，可以直接调用样板图，而不必每一张图样都要重新设置相关的绘图参数或样式，避免重复劳动。

制作一张样板图主要包括如下内容：

①选择图幅、确定绘图单位。

②设置图层、线形、线宽和颜色。

③设置文字样式。

④设置尺寸标注样式。

⑤绘制图框和标题栏。

⑥设置常用的图形符号。

⑦设置其他有关参数。

6.1.1 样板图的制作步骤

以 A3 图幅为例，说明制作样板图的步骤。

1）选择系统样图

使用"新建"命令，选择图形样板中的"Acadiso.dwt 标准图样"作为新图的初始图样，如图 6.2 所示。

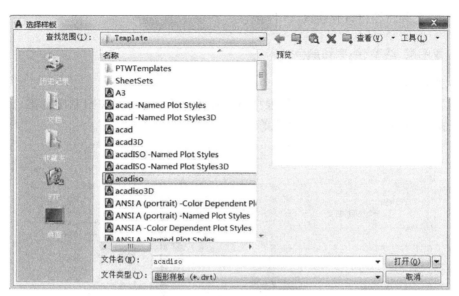

图6.2 "选择样板"对话框

2）设置绘图单位

命令：Units。

弹出"图形单位"对话框如图6.3所示，设置长度、角度、单位、精度（取整数）。

图6.3 "图形单位"对话框

3）设置绘图界限

根据A3图纸幅面，用"limits"命令设置绘图边界，命令行提示如下：

命令：Limits ↵

重新设置模型空间界限：

指定左下角点或［开（ON）/关（OFF）］<0,0>：↵

指定右上角点<420,297>↵

图幅设置后，一定要使用图形缩放命令"Zoom"选择"全部（A）"选项，将A3图幅最大显示在当前屏幕,并将栅格打开观察 A3 图幅。

4)设置图层、线型、线宽和颜色

命令:Layer。

弹出"图层特性管理器"对话框,根据 AutoCAD 2018 绘制零件图制图标准,建立如图 6.4 所示的常用图层、线型、线宽和颜色等。

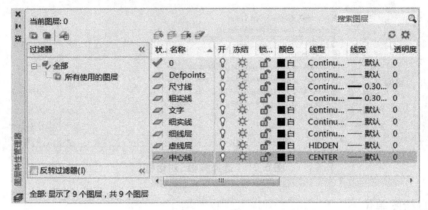

图 6.4 "图层特性管理器"对话框

5)设置文字样式

命令:Style。

弹出"文字样式"对话框,如图 6.5 所示。

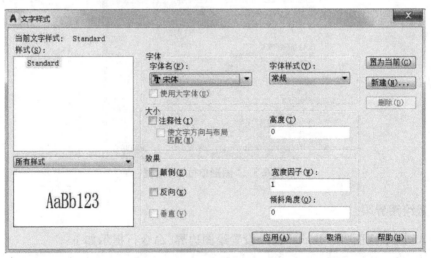

图 6.5 "文字样式"对话框

在此对话框中,设置两种字体:一种字体是用于标注数字、字母"样式 1,Times New Roman";另一种中文字体"样式 2,宋体,字宽比例为 0.7"。在设置字体过程中,字高设置为 0,以便在具体标注时随时调整。

6）设置尺寸标注样式

命令：Dimstyle。

弹出"标注样式管理器"对话框，如图6.6所示。在此对话框中，进行标注样式的设置。可接受当前标注样式"ISO-25"，该格式比较接近我国的标准。如果在具体标注时有特殊要求，则可用"新建""修改"或"替代"选项进行修改。

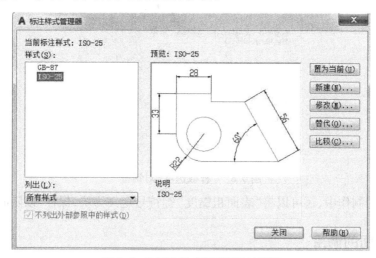

图6.6 "标注样式管理器"对话框

7）绘制图框和标题栏

图框可以用"直线"命令或"矩形"命令绘制。标题栏也可定义为图块插入（图块内容见6.2节）。

图6.7 "图形另存为"对话框

8)保存样板图

单击"保存"按纽,弹出"图形另存为"对话框如图 6.7 所示。在文件类型下拉列表中选择"图形样板文件(*. dwt)",在文件名文本中输入"A3",单击"保存"按纽,会弹出"样板选项"对话框如图 6.8 所示,输入模板文件的描述,并选择测量单位后单击"确定"按纽。

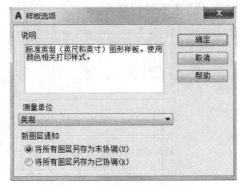

图 6.8　"样板选项"对话框

在样板图的制作中,还可以将"表面粗糙度"等符号定义为块,保存,以随时调用。

6.1.2　样板图的调用

创建新图时,使用"新建"命令,打开"选择样板"对话框,如图 6.9 所示。双击"A3. dwg",所显示的图形即为"A3. dwt"样板图,如图 6.10 所示。

图 6.9　"选择样板"对话框

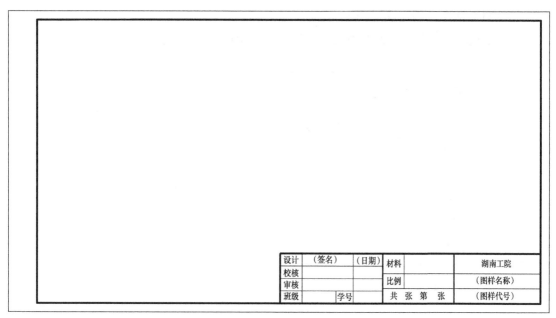

设计	（签名）	（日期）	材料		湖南工院
校核					
审核			比例		（图样名称）
班级		学号	共　张　第　张		（图样代号）

图 6.10　A3.dwt 样板图

用上述方法可将 A0（1189×841）、A1（594×841）、A2（420×594）、A4（210×297）等图幅做成样板图。

6.2　图块、块属性及外部参照

图块是 AutoCAD 2018 中最具特色的功能之一。图块是指一个或多个对象的集合,是一个整体即单一的对象,可以重复调用,多次插入到同一图形中去。机械制图中有一些反复用到的图形,例如表面粗糙度符号、基准符号,轴段、孔等基本图素,螺栓、螺母、轴承等标准件,标题栏、明细栏等,如果将它们定义成块,需要时再将其插入到图形文件的指定位置,这样就大大提高了绘图的速度和质量。

6.2.1　图块的创建与插入

1）创建块

（1）创建块
有三种方工执行创建块命令:
①命令:Block（B）。
②菜单:绘图→块→创建。

③绘图工具栏:"创建块" 按钮。

运行上述任一操作后,弹出"块定义"对话框,如图 6.11 所示。

图 6.11 "块定义"对话框

该对话框中各选项的含义如下:

名称:用于输入欲定义的图块名。其下拉列表框列出了当前图形中所有块名,如果输入的图块名是列表框中已有的块名,则单击"确定"按钮,系统将提示该图块已定义,是否重新定义它。新块的名称最多可以由 255 个字符组成,这些字符包括字母、数字、空格等。

基点:用于指定图块的插入基点。一般情况下,通过单击"拾取点"旁边的按钮来定义新块的基点,单击按钮返回到绘图窗口,在绘图窗口内拾取一点后,会返回"块定义"对话框,并在 X、Y、Z 文本框中显示出基点的坐标。

对象:用于选择设置块的对象,选择的对象转换为块后对原有对象的操作方法。

选择对象:该按钮用于选取组成块的实体,单击该按钮后对话框暂时消失,等待用户在屏幕上用目标选取方法选取欲组成块的实体,实体选取操作结束后自动回到对话框状态。对原有对象的操作有以下三种。

A. 保留:将选取对象设置为块后在绘图窗口保留原选择的对象。

B. 删除:将选择对象设置为块后在绘图窗口删除原选择的对象。

C. 转换为块:将原选择对象直接转换为块,该方法在绘图窗口的显示与"保留"方法相同,但在绘图窗口显示的对象不再为单个的对象,而是作为一个块来显示。

设置:用于确定当块插入时,采用的单位制式。

说明:在该框输入对图块进行相关说明的文字。

超链接:用于设置块的超级链接,可以通过该块来浏览其他文件或访问 Web 网站。

在依次输入块名、插入点并选择欲定义为块的对象后就完成了块的创建。用此命令创建块后,组成块的对象如果消失,可以用"Oops"命令将其恢复。

采用此命令运行方法制作的块,只能在块所在的图形文件中使用,而不能被其他的图形引用,也称为"内部块"。

(2)存储块(写块)

将图形文件中的整个图形、内部块或某些实体写入一个新的图形文件,其他图形文件均可以将它作为块(也称外部块)调用。

运行"存储块"命令的方法如下:

命令:Wblock(W)。

运行该命令后,弹出"写块"对话框如图6.12所示。

图6.12　"写块"对话框

该对话框中各选项的含义如下:

①源:该栏用于指定存储为块的对象及块的基点。

A.块:该单选项指定将内部块写入外部块文件,可以通过下拉列表框选择一个块名将该块进行保存。保存块的基点与原块的基点相同。

B.整个图形:该单选项指定将整个图形写入外部块文件,块的基点为坐标原点。

C.对象:该单选项指定将用户选取的实体作为块存储。当选中本单选框后,下面的"基点"栏和"对象"栏均激活用以选择,其含义及使用方法与"块定义"(内部块)对话框中的对应选项相同。

②目标:该区域用于保存块的名称、路径和插入单位。

2)插入块

将已定义的块按照用户指定的位置、图形比例和旋转角度插入到图中。

运行"插入块"命令有三种方法:

①命令:Insert(I)。

②菜单:插入→块。

③工具栏:"插入块" 🔾 按钮。

运行上述任一操作后,弹出"插入"对话框,如图6.13所示。

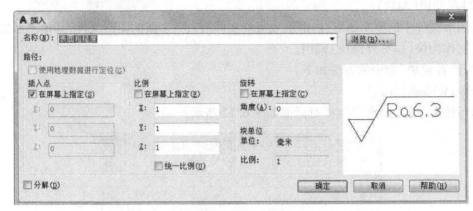

图6.13　"插入"对话框

该对话框中各选项的含义:

名称(N):通过"名称"下拉框可以选择将要插入的已在定义的块名。如果需要插入在别的图形文件中定义过的块和别的图形,可以单击"浏览"键浏览。

插入点:用于指定图块基点在图形中的插入位置。可选中"在屏幕上指定"复选框,在屏幕上选择一个你需要插入的位置即可,也可以不选中复选框,而直接在X、Y、Z文本框中输入点的坐标。

缩放比例:可以选中"在屏幕上指定"复选框,在屏幕上确定插入时的缩放比例,也可以不选中该复选框,而直接在本栏的X、Y、Z文本框中输入插入时所需的三个方向的缩放比例。当选中"统一比例"项,仅需要设置X一个方向的缩放比例,此时其他两个方向的缩放比例与X向缩放比例相同。

在插入块时,若在提示下输入的缩放比例为负值,则插入的图形将是原图形的镜像图形。

旋转:可以利用"在屏幕上指定"来确定插入时的旋转角度,也可以直接在"角度"文本框中输入旋转角度。

分解:块在插入时,AutoCAD 2018是将块中图形作为一个整体看待的,如果选中该复选框,则在块插入时,将块分解为各独立的图形对象。

6.2.2　块属性与属性编辑

机械图样中,零件或符号除自身的形状外,还包含许多参数和文字说明信息,如图样中的技术要求、表面粗糙度的具体数值、标题栏中要素的变动、装配图中的序号和明细栏等一些可变的文本信息。在AutoCAD 2018中,系统将图块所含的附加信息称为属性,可以赋予属性值,以便更好地说明其具体要求。属性是图块的附属物,它依赖图块而存在,没有图块就没有属性。

1)定义属性

定义带属性的图块前,需要先定义该图块的属性,即定义每个属性的标记名、属性提示、属性默认值、属性的显示格式(可见或不可见)、属性在图块中的位置等。定义属性后,该属性以其标记名在图中显示出来,并保存有关的信息。

运行"属性定义"命令有两种方法:

①命令:Attdef(Att)。

②菜单:绘图→块→定义属性。

运行上述任一操作后,弹出"属性定义"对话框,如图6.14所示。

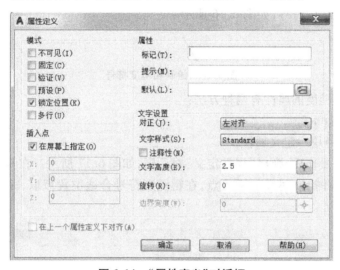

图6.14 "属性定义"对话框

该对话框中各选项的含义:

模式:"模式"栏用于设置属性的模式。其中"不可见"复选框用于设置在插入块后是否显示其属性值;"固定"复选框用于设置其属性值是否为常量;"验证"复选框用于设置在插入块时是否提示用户确认输入的属性值;"预设"复选框用于设置是否将属性值设置为其默认值。

属性:该栏用于设置属性的标记、插入块时的提示及属性的默认值。一般情况下,可以在"标记"选项中输入块的名称或代号;"提示"选项中可以不输入提示内容,则AutoCAD 2018自动将其设置成与属性标记一样的文字;"值"选项可以输入默认的属性值。

插入点:该栏用于设置属性的插入点。可以通过单击"拾取点"按钮来拾取属性的插入点,或者直接在X、Y、Z坐标文本框中输入插入点的坐标值。

文字设置:该栏用于设置属性文字的字体、对齐方法、字高及旋转角度等。

2)使用带属性的图块

使用带属性的图块的操作过程:

①先画好要插入的图形。

②进行属性定义(Attdef)。

③将属性和相应的图形一起定义成块(Block)。(也可省略掉,直接定义成外部块)。

④将该块存储成块文件(Wblock)。

⑤插入带属性的块,输入属性值(Insert)。

⑥属性编辑(Ddatte)

【例题6.1】 将表面粗糙度定义为带属性的图块,并插入到图形中,如图6.15所示。

图 6.15　定义层面粗糙度

①绘制表面粗糙度符号,如图6.16所示。

图 6.16　绘制粗糙度符号

②定义表面粗糙度的属性有两种方法:

A. 运行命令:Attdef。

B. 菜单:绘图→块→定义属性。

执行上述任一操作后,弹出"属性定义"对话框,如图6.17所示。在其中填写所示内容,单击"确定"按钮,并拾取属性的插入点,在粗糙度符号合适位置点取,完成属性定义,如图6.18所示。

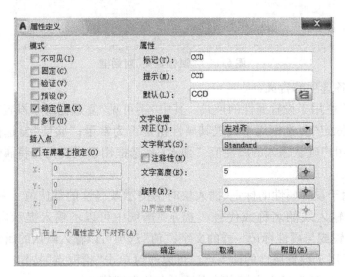

图 6.17　"属性定义"对话框

图 6.18　完成"属性定义"

3）创建块

命令：Block。

弹出"块定义"对话框，如图6.19所示，命令行提示如下：

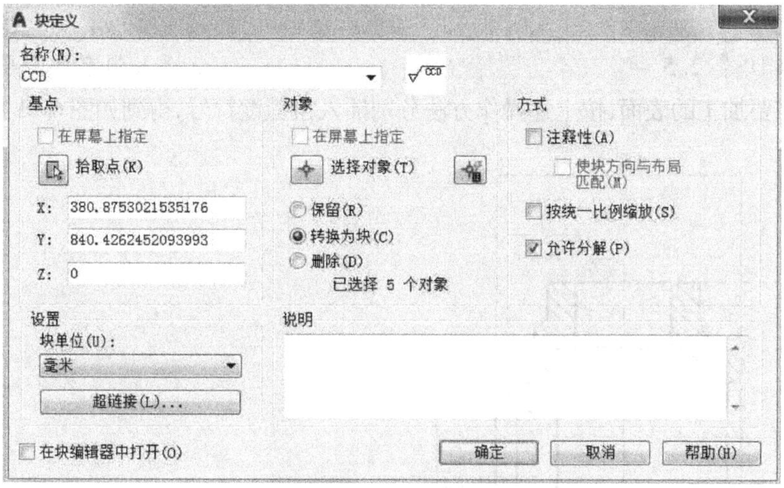

图6.19 "块定义"对话框

指定插入基点：单击粗糙度符号图形下方指向加工面位置处。

对象：窗口（W） 套索 找到5个

单击"确定"按钮，完成内部块的制作。

4）存储块

命令：Wblock。

弹出"写块"对话框，如图6.20所示。在此对话框的相关栏中选择"CCD"，或按照制作内部块的方法，在"目标"项中指定文件名和图块保存的路径，单击"确定"按钮，完成存储块的制作。

图6.20 "文字块"对话框

5）插入块

命令：Insert ↵
指定插入点或 ［基点（B）/比例（S）/旋转（R）］：
输入属性值
CCD <CCD>：12.5 ↵   //插入到零件需要加工的表面

在零件需要加工的表面,按上述操作方法分别插入粗糙度符号,得到如图 6.21 所示的效果。

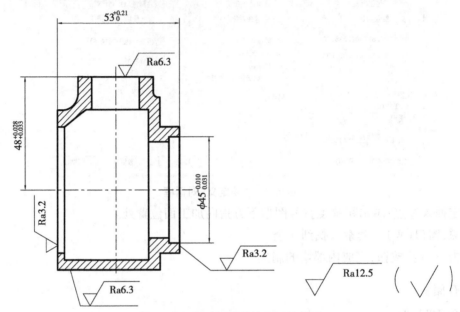

图 6.21   插入粗糙度符号后的效果

要保证零件上、下、左、右各表面的粗糙度符号和数值放置的位置符合机械制图国标要求,下方及右侧标注的粗糙度需要用指引线引出,具体标注方法如图 6.22 所示,反向粗糙度块用于插入右端面和下方端面的粗糙度代号。

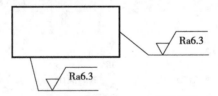

图 6.22   零件下方及右侧粗糙度的标注方法

6）用块的属性编辑来管理块的属性值

①修改块的属性、文字选项和特性有两种方法。

命令：Ddedit。

菜单：修改→对象→文字→编辑。

运行上述任一操作后,AutoCAD 2018 提示：

选择注释对象或 ［放弃(U)/模式(M)］：

选择要修改的属性标记后(此处选择的是表面粗糙度中"CCD"),弹出"编辑属性定义"的对话框,如图6.23所示。在对话框中根据要修改的内容分别对其进行修改,修改完成后单击"确定"按钮即完成对图块的属性等内容的编辑。

图6.23 "编辑属性定义"对话框

②用"Attedit"命令修改图形中已插入的属性块的属性值。

命令:Attedit。

运行该命令后提示:

选择块参照:选择带属性的图块后,弹出"编辑属性"对话框,如图6.24所示,可使用该对话框来修改属性值。

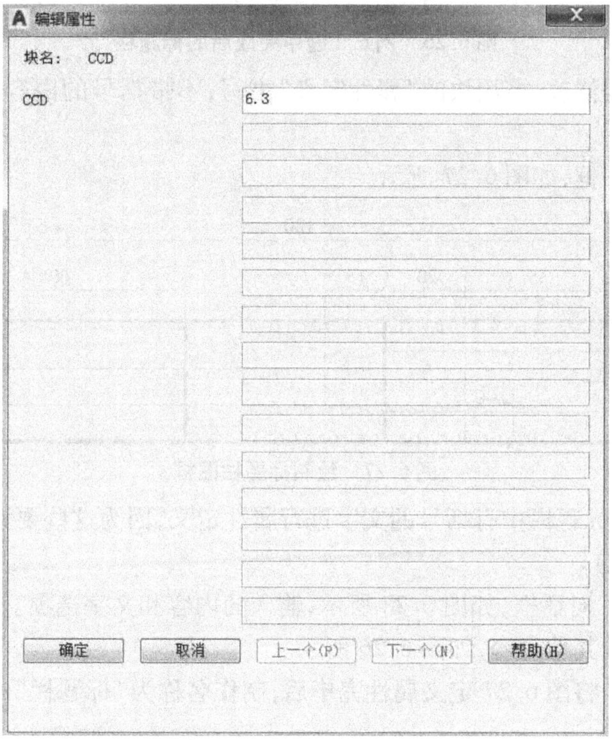

图6.24 "编辑属性"对话框

③块属性管理器。

命令:Battman(Ba)。

菜单:修改→对象→属性→块属性管理器。

运行上述任一操作后,弹出"块属性管理器"对话框,如图 6.25 所示,根据需要可在其中管理块中的属性。

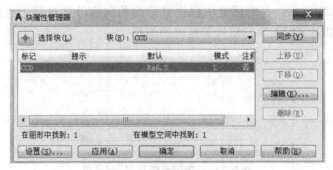

图 6.25 "块属性管理器"对话框

【**例题 6.2**】 将标题栏"(学校制图作业使用格式)"定义为带属性的块,并进行插入,结果如图 6.26 所示。

设计	(签名)	(日期)	材料		湖南工院
校核			比例	(比例值)	(图样名称)
审核					
班级	(班级号)	学号 (学号数)	(共××张第××张)		(图样代号)

图 6.26 例 6.2 题中完成后的标题栏

括号内的内容要修改,需用块的"属性定义"书写,不带括号的内容不需修改,可用文本命令书写。

①绘制标题栏图框,如图 6.27 所示。

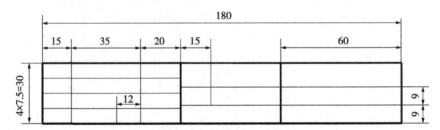

图 6.27 绘制标题栏图框

②属性定义(对标题栏中有括号的文字进行属性定义,因为这些要素要进行改变)。

命令:Attdef(Att)。

弹出"属性定义"对话框,如图 6.28 所示,输入的内容和文字选项。

按顺序依次输入其他内容,如图 6.26 所示。

③制作外部块。将图 6.27 定义属性完毕后,制作名称为"标题栏"的外部块。

命令:Wblock。

弹出"写块"对话框,如图 6.29 所示。指定插入基点(标题栏右下角点),选择整个对象,在"文件名和路径"栏里添上具体的文件名,单击"确定"按钮即可完成标题栏图块的制作。

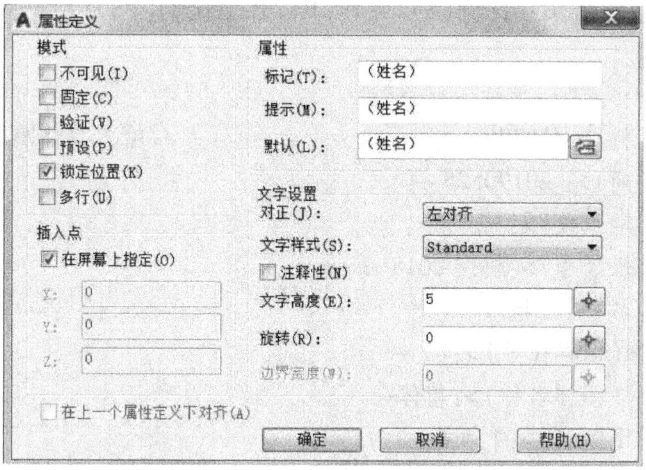

图 6.28　"属性定义"对话框

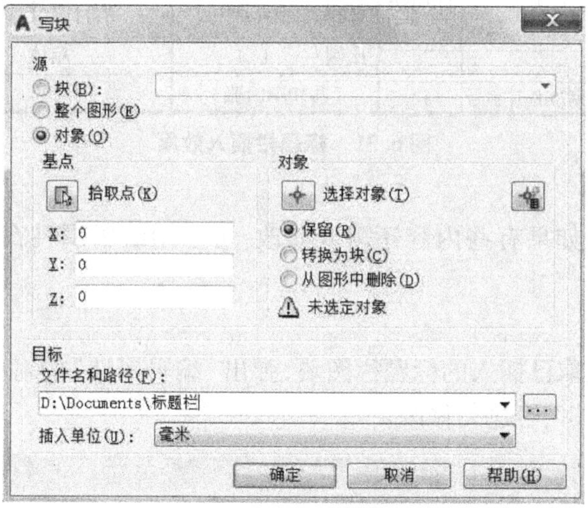

图 6.29　"写块"对话框

④插入标题栏。

命令：Insert

弹出"插入"对话框，如图 6.30 所示。单击"确定"按钮，命令行提示如下：

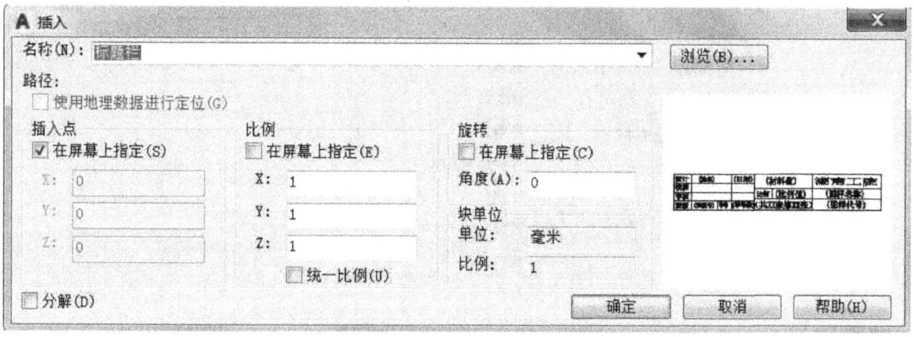

图 6.30　"插入"对话框

指定插入点或[基点(B)/比例(S)/旋转(R)/预览比例(PS)/预览旋转(PR)]://点取标题栏右下角端点

输入属性值

（材料）　<（材料）>:HT200 ↵　　　　　　　　　　//输入具体属性值

（日期）　<（日期）>: 20190525 ↵

（学号数）　<（学号数）>: 12 ↵

（班级号）　<（班级号）>:机制 2018-1 ↵

（姓名）　<（姓名）>:王艳↵

（图样代号）　<（图样代号）>:01 ↵

（图样名称）　<（图样名称）>:箱体↵

（比例值）　<（比例值）>:1:1 ↵

<（共几张第几张）>:共 10 张第 01 张↵　　　　　　//得到如图 6.31 所示的效果。

设计	王艳	20190525	材料	HT200	湖南工院
校核			比例	1:1	箱体
审核					
班级	机制2018-1	学号 12	（共10第01张）		01

图 6.31　标题栏插入效果

⑤属性编辑。

在填写标题栏中,如果有些内容还需要修改,可以用编辑属性命令"Attedit"对其进行修改。

命令:Attedit。

选择块参照://点取已插入的标题栏图块,弹出"编辑属性"的对话框,如图 6.32 所示,可以在该对话框中对其内容进行修改。

图 6.32　"编辑属性"对话框

6.2.3 使用外部参照

所谓外部参照,是指在一幅图形中对另一幅外部图形的引用。外部参照与块在很多方面都类似,其不同点在于一旦插入了块,该块的数据就永久性地插入到当前图形中,成为当前图形的一部分;而外部参照的数据存储于一个外部图形中,当前图形数据库中仅存放外部文件的一个引用。

基于此不能在当前图形中编辑一个外部参照。如果想编辑它们,必须编辑原始的外部图形文件,而且也不能像对块那样,在当前图形文件中对外部参照图形进行分解。

图 6.33 "外部参照"对话框

1)插入外部参照

插入"外部参照"有以下两种方法:

①命令:Xref。

②菜单:插入→外部参照。

弹出"外部参照"对话框,如图 6.33 所示。在选项板上方单击"附着 DWG"按钮,可以打开"选择参照文件"对话框,如图 6.34 所示。选择参照文件后,打开"附着外部参照"对话框,选择要插入的图形,如图 6.35 所示。单击"确定"按钮,就可以将图形文件以外部参照的形式插入到当前图形中,如图 6.36 所示。

图 6.34 "选择参照文件"对话框

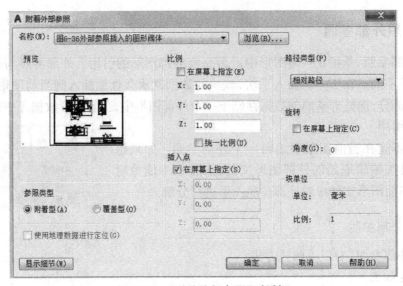

图 6.35　"附着外部参照"对话框

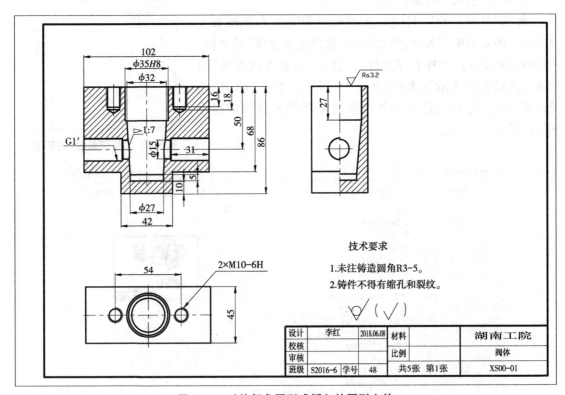

图 6.36　以外部参照形式插入的图形文件

2）插入 DWF、DGN、PDF 参考底图

AutoCAD 2018 中新增了插入 DWG、DWF、DGN 参考底图的功能,该类功能和附着外部参照功能相同,可以在"插入"菜单中选择相关命令。

3）管理外部参照

在 AutoCAD 2018 中,可以在"外部参照"选项板中对外部参照进行编辑和管理。单击选项板上方的"附着"按钮可以添加不同格式的外部参照文件;在选项板下方的外部参照列表框中显示当前图形中各个外部参照文件名称;选择任意一个外部参照文件后,在下方"详细信息"选项组中显示该外部参照的名称、加载状态、文件大小、参照类型、参照日期及参照文件的存储路径等内容,如图 6.37 所示。

图 6.37　"详细信息"选项组

6.3　零件图的绘制

在实际工程中零件的种类很多,可以归纳为:套类、盘盖类、叉架类、箱体类零件等。这些零件的实际用途不同,各自的结构特点也不同;绘制其图形时,方法上也有所差异。有关零件图的视图选择、表达方案、尺寸标注、技术要求等问题,在《机械制图》课程的学习中已掌握,下面通过举例主要介绍应用 AutoCAD 2018 绘制零件图的过程。

6.3.1　轴类零件图的绘制

绘制如图 6.38 所示的轴类零件图。

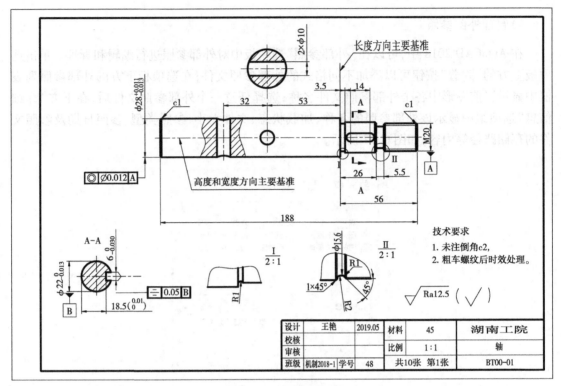

图 6.38　轴类零件图

分析:轴类零件大多数由位于同一轴线上数段不同直径的回转体组成,它们长度方向的尺寸一般比回转体直径大,为了加工时看图方便,主视图应将轴类零件的轴线水平放置。对于轴类零件的一些局部结构,常采用剖视、断面、局部放大和局部剖视等方法来表达。

绘图步骤:

(1)调用样板图(或设置绘图界限、图层、线型、文字样式、标注样式等)

按照该图所标注的尺寸大小和图形布置情况,应调用 A3.dwt 样板图(见图 6.10)。

建立轴的文件名,指定保存的路径,避免发生停电或死机等意外时丢失已绘制的图形文件。

(2)绘制基本形体

通过对轴零件的图形分析,可以将整个轴零件分为几个轴段。轴零件的尺寸可具体体现为各轴段的直径和长度,并且各轴段在主视图中表现为矩形,在绘图时可事先用"矩形"命令绘制好各轴段,然后再用"移动"命令把各轴段移到轴线上。

①绘制轴线,命令行提示如下:

命令:Line ↵　　　　　　　　　　　//运行直线命令

指定第一点:屏幕上合适位置指定一点↵　　//确定好图形的位置

指定下一点或[放弃(U)]:↵　　　　　　//打开正交方法,确定好轴线的另一

点,如图 6.39 所示

图 6.39 绘制轴线

②绘制各轴段,命令行提示如下:

命令:Rectang ↵　　　　　　　　　　　　　　　　//运行矩形命令
指定第一个角点或[倒角(C)/标高(E)/圆角(F)/厚度(T)/宽度(W)]:
　　　　　　　　　　　　　　　　　　　　　　//在屏幕上合适位置选一点
指定另一个角点或[面积(A)/尺寸(D)/旋转(R)]:@132,28 ↵　　//画出轴段1
命令:Rectang　　　　　　　　　　　　　　　//按空格键重复矩形命令
指定第一个角点或[倒角(C)/标高(E)/圆角(F)/厚度(T)/宽度(W)]:　　//在屏幕
上合适位置选一点
指定另一个角点或[面积(A)/尺寸(D)/旋转(R)]:@3.5,20 ↵　　//画出轴段2
命令:Rectang　　　　　　　　　　　　　　　//按空格键重复矩形命令
指定第一个角点或[倒角(C)/标高(E)/圆角(F)/厚度(T)/宽度(W)]:　　//在屏幕
上合适位置选一点
指定另一个角点或[面积(A)/尺寸(D)/旋转(R)]:@22.5,22 ↵　　//画出轴段3
命令:Rectang　　　　　　　　　　　　　　　//按空格键重复矩形命令
指定第一个角点或[倒角(C)/标高(E)/圆角(F)/厚度(T)/宽度(W)]:　　//在屏幕
上合适位置选一点
指定另一个角点或[面积(A)/尺寸(D)/旋转(R)]:@5.5,15.6 ↵　　//画出轴段4
命令:Rectang　　　　　　　　　　　　　　　//按空格键重复矩形命令
指定第一个角点或[倒角(C)/标高(E)/圆角(F)/厚度(T)/宽度(W)]:　　//在屏幕
上合适位置选一点
指定另一个角点或[面积(A)/尺寸(D)/旋转(R)]:@24.5,20 ↵　　//画出轴段5

结果如图 6.40 所示。

图 6.40 绘制各轴段

③移动各轴段,命令行提示如下:

命令:Move ↵　　　　　　　　　　　　　　　//运行移动命令,设目标捕
捉模式为中点对象捕捉模式
选择对象:找到 1 个　　　　　　　　　　　　//点取轴段1
选择对象:↵
指定基点或[位移(D)] <位移>:　　　　　　　//捕捉左端垂直线段中点

指定第二个点或<使用第一个点作为位移>：　　　　　　//到轴线上

命令：Move　　　　　　　　　　　　　　　　　　　//按空格键重复移动命令

选择对象：找到 1 个　　　　　　　　　　　　　　　//点取轴段 2

选择对象：↵

指定基点或[位移(D)]　<位移>：　　　　　　　　　//捕捉左端垂直线段中点

指定第二个点或<使用第一个点作为位移>：　　　　　　//到轴线上

命令：Move　　　　　　　　　　　　　　　　　　　//按空格键重复移动命令

选择对象：找到 1 个　　　　　　　　　　　　　　　//点取轴段 3

选择对象：↵

指定基点或[位移(D)]　<位移>：　　　　　　　　　//捕捉左端垂直线段中点

指定第二个点或<使用第一个点作为位移>：//到轴线上

命令：Move　　　　　　　　　　　　　　　　　　　//按空格键重复移动命令

选择对象：找到 1 个　　　　　　　　　　　　　　　//点取轴段 4

选择对象：↵

指定基点或[位移(D)]　<位移>：　　　　　　　　　//捕捉左端垂直线段中点

指定第二个点或<使用第一个点作为位移>：//到轴线上

命令：Move　　　　　　　　　　　　　　　　　　　//按空格键重复移动命令

选择对象：找到 1 个　　　　　　　　　　　　　　　//点取轴段 5

选择对象：↵

指定基点或[位移(D)]　<位移>：　　　　　　　　　//捕捉左端垂直线段中点

指定第二个点或<使用第一个点作为位移>：　　　　　　//到轴线上

轴段移动后的图形如图 6.41 所示。

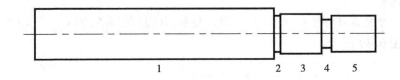

图 6.41　轴段移动后的图形

(3)倒角、销孔、键槽、螺纹等绘制

①绘制倒角,并补齐倒角处线条,命令行提示如下：

命令：Chamfer ↵　　　　　　　　　　　　　　　//运行倒角命令

("修剪"模式)　当前倒角距离 1＝0,距离 2＝0

选择第一条直线或[放弃(U)/多段线(P)/距离(D)/角度(A)/修剪(T)/方法(E)/多个(M)]：A ↵

指定第一条直线的倒角长度<0>：1 ↵

指定第一条直线的倒角角度<0>：45 ↵

选择第一条直线或[放弃(U)/多段线(P)/距离(D)/角度(A)/修剪(T)/方法(E)/多个(M)]:　　　　　　　　　　　　　　　　//点取轴段1左边水平线条

选择第二条直线,或按住 Shift 键选择要应用角点的直线:　　//点取轴段1左边垂直线条

命令:Chamfer　　　　　　　　　　　　　　//按空格键重复倒角命令

("修剪"模式)　当前倒角长度=1,角度=45

选择第一条直线或[放弃(U)/多段线(P)/距离(D)/角度(A)/修剪(T)/方法(E)/多个(M)]:　　//点取轴段3右边水平线条

选择第二条直线,或按住 Shift 键选择要应用角点的直线:　　//点取轴段3右边垂直线条

命令:Chamfer　　　　　　　　　　　　　　//按空格键重复倒角命令

("修剪"模式)　当前倒角长度=1,角度=45

选择第一条直线或[放弃(U)/多段线(P)/距离(D)/角度(A)/修剪(T)/方法(E)/多个(M)]:　　//点取轴段5左边水平线条

选择第二条直线,或按住 Shift 键选择要应用角点的直线:　　//点取轴段5左边垂直线条

命令:Chamfer　　　　　　　　　　　　　　//按空格键重复倒角命令

("修剪"模式)　当前倒角长度=1,角度=45

选择第一条直线或[放弃(U)/多段线(P)/距离(D)/角度(A)/修剪(T)/方法(E)/多个(M)]:　　//点取轴段5右边水平线条

选择第二条直线,或按住 Shift 键选择要应用角点的直线:　　//点取轴段5右边垂直线条

命令:Line ↵(补齐倒角处线条)

指定第一点:　　　　　　　　　　　　　　//对象捕捉倒角处一交点

指定下一点或[放弃(U)]:↵　　　　　　　　//对象捕捉倒角处另一交点

其他三处倒角线条补齐操作同上,倒角处线条补齐如图6.42所示。

　　　　　　　　1　　　　　　2 3　4　5

图6.42　倒角处线条补齐

②绘制销孔,命令行提示如下:

命令:Line ↵　　　　　　//确定水平和垂直两个销孔绘制的位置

指定第一点:53 ↵　　　　　//以轴段1右边上方端点为起点,自动延伸,输入数值

指定下一点或[放弃(U)]:　　//绘制垂直线条↵

命令:Offset ↵

当前设置:删除源=否　图层=源　OFFSETGAPTYPE=0

指定偏移距离或［通过(T)/删除(E)/图层(L)］　<通过>:32 ↵

选择要偏移的对象,或［退出(E)/放弃(U)］　<退出>:　　//选定水平销孔中心线

指定要偏移的那一侧上的点,或［退出(E)/多个(M)/放弃(U)］<退出>:　　//在水平销孔中心线的左方屏幕上点一点,确定垂直销孔的位置。

命令:Circle ↵　　　　　　　//绘制销孔和销孔断面图和局部剖视图

指定圆的圆心或［三点(3P)/两点(2P)/相切、相切、半径(T)］:　　//点取绘制圆的圆心

指定圆的半径或［直径(D)］:5 ↵

命令:Circle　　　　　　　　//按空格键重复绘圆命令

指定圆的圆心或［三点(3P)/两点(2P)/相切、相切、半径(T)］:　　//点取绘制圆的圆心

指定圆的半径或［直径(D)］　<5>:14 ↵

命令:Offset ↵　　　　　　　//绘制水平和垂直两个销孔的断面和局部剖的线条

当前设置:删除源=否　图层=源　OFFSETGAPTYPE=0

指定偏移距离或［通过(T)/删除(E)/图层(L)］<32>:5 ↵

选择要偏移的对象,或［退出(E)/放弃(U)］<退出>:　　//分别选择水平和垂直销孔的中心线

指定要偏移的那一侧上的点,或［退出(E)/多个(M)/放弃(U)］　<退出>:　　//分别在销孔中心线的两侧屏幕上各点一点

命令:Trim ↵　　　　　　　//对超过轮廓的线进行修剪

当前设置:投影=UCS,边=无

选择剪切边.

选择对象或<全部选择>:找到1个,总计2个。　　//分别选取断面图上的圆和轴段1的上下水平线

选择对象:↵

选择要修剪的对象,或按住 Shift 键选择要延伸的对象,或

［栏选(F)/窗交(C)/投影(P)/边(E)/删除(R)/放弃(U)］:　　//分别选择要剪掉的线条↵

命令:Line ↵　　　　　　　//确定垂直销孔相贯线的最低点

指定第一点:1 ↵　　　　　　//通过对水平销孔断面图的测量,相贯线的最高点至最低点约为1毫米

指定下一点或［放弃(U)］:↵　　//在销孔内上方最高点往下1毫米处与中心线相交画一条直线

命令:Arc ↵　　　　　　　//三点绘圆弧

指定圆弧的起点或［圆心(C)］:　　//点取垂直销孔上部的左端点处

指定圆弧的第二个点或［圆心(C)/端点(E)］:　　//点取与中心线相交点

指定圆弧的端点:↵　　　　//点取垂直销孔上部的右端点处

命令:Mirror ↵　　　　　　　　//将垂直销孔上方的相贯线镜相到下方

选择对象:找到1个↵　　　　　　//点取相贯线

选择对象:↵

指定镜像线的第一点:　　　　　//在水平轴线点取第一点

指定镜像线的第二点:　　　　　//在水平轴线点取第二点

要删除源对象吗? [是(Y)/否(N)] <N>:↵

命令:Erase ↵　　　　　　　　　//删除绘制相贯线的辅助线

选择对象:↵　　　　　　　　　　//点取垂直销孔上方往下1毫米处绘制的直线

选择对象:↵

命令:Spline ↵　　　　　　　　//绘制垂直销孔局部剖处的断裂线

指定第一个点或[对象(O)]:　//轴段1上方的水平线上点取一点

指定下一点:↵　　　　　　　　//在轴段1内部处点取一点、两点……

指定下一点或[闭合(C)/拟合公差(F)] <起点切向>:　　//在轴段水平线上方屏幕上点取一点

指定端点切向:↵　　　　　　　//在轴段水平线下方屏幕上点取一点

命令:Hatch ↵　　　　　　　　//绘制剖面线,弹出"图案填充对话框",在对话框中进行选择剖面线型(代号 ANSI31 线型),拾取内部点,点击要填充的图形封闭区域内部,单击"确定"按钮。

两个销孔的断面图和局部剖视,如图6.43所示。

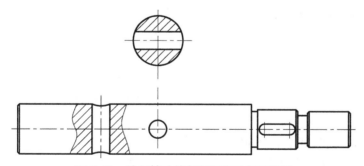

图6.43　绘制销孔的断面图和局部剖视图

③绘制键槽,命令行提示如下:

命令:Line ↵　　　　　　　　　　　　　//以轴段3上方的左端点为基准延伸,确定键槽的位置

指定第一点:4 ↵

指定下一点或[放弃(U)]:↵

命令:Offset ↵　　　　　　　　　　　　//确定键槽另一端的位置

当前设置:删除源=否　图层=源　OFFSETGAPTYPE=0

指定偏移距离或[通过(T)/删除(E)/图层(L)] <通过>:14 ↵

选择要偏移的对象,或[退出(E)/放弃(U)] <退出>:　　//键槽左端基准线

指定要偏移的那一侧上的点,或[退出(E)/多个(M)/放弃(U)] <退出>: //在键槽左端基准线右侧屏幕上合适位置选一点↵

命令:Circle ↵

指定圆的圆心或[三点(3P)/两点(2P)/相切、相切、半径(T)]: //点取圆心

指定圆的半径或[直径(D)]:3 ↵

命令:Circle //按空格键重复绘圆命令

指定圆的圆心或[三点(3P)/两点(2P)/相切、相切、半径(T)]: //点取圆心

指定圆的半径或[直径(D)] <3>:3 ↵

命令:Line ↵//连接两圆轮廓

指定第一点://点取左端圆与中心线的交点(上方)

指定下一点或[放弃(U)]:<正交 开> //点取右端圆与中心线的交点

指定下一点或[放弃(U)]:↵

命令:Line //按空格键重复直线命令

指定第一点://点取左端圆与中心线的交点(下方)

指定下一点或[放弃(U)]:<正交 开>↵ //点取右端圆与中心线的交点

指定下一点或[放弃(U)]:↵

命令:Trim ↵ //将内半圆弧剪切掉

当前设置:投影=UCS,边=无

选择剪切边.

选择对象或<全部选择>:找到1个↵ //点取左端中心线

选择对象:找到1个,总计2个↵ //点取右端中心线

选择对象:↵

选择要修剪的对象,或按住Shift键选择要延伸的对象,或

[栏选(F)/窗交(C)/投影(P)/边(E)/删除(R)/放弃(U)]: //点取左右两个圆的内半圆弧

选择要修剪的对象,或按住Shift键选择要延伸的对象,或

[栏选(F)/窗交(C)/投影(P)/边(E)/删除(R)/放弃(U)]:↵

命令:Line ↵(绘制键槽断面图)

指定第一点:<正交 开> //在屏幕合适位置绘制水平和垂直中心线

指定下一点或[放弃(U)]:↵

指定下一点或[放弃(U)]:↵

命令:Circle ↵

指定圆的圆心或[三点(3P)/两点(2P)/相切、相切、半径(T)]:↵ //点取中心线的交点

指定圆的半径或[直径(D)] <3>:11 ↵

命令:Line ↵

指定第一点:18 ↵ //绘制槽的形状

指定下一点或 [放弃 (U)]:↵

命令 : Line ↵

指定第一点 : 3 ↵

命令 : Mirror ↵

选择对象 : 找到 1 个 ↵　　　　　　　　　//点取键槽宽度一半的线段

选择对象 : 指定镜像线的第一点 :　　　　//点取键槽水平中心线左端一点

选择对象 : 指定镜像线的第二点 :　　　　//点取键槽水平中心线右端一点

要删除源对象吗? [是 (Y)/否 (N)] < N >:↵

命令 : Trim ↵　　　　　　　　　　　　　//修剪多余的线段

当前设置 : 投影 = UCS,边 = 无

选择剪切边.

选择对象或 < 全部选择 >:　　　　　　　//选择被修剪对象的边界

选择对象 :↵

选择要修剪的对象,或按住 Shift 键选择要延伸的对象,或

[栏选 (F)/窗交 (C)/投影 (P)/边 (E)/删除 (R)/放弃 (U)]:　　　//分别选择被剪掉的
对象即可

命令 : Hatch ↵　　　　　　　　　　　　//打开图案填充对话框,填充剖面线

拾取内部点或 [选择对象 (S)/删除边界 (B)]:正在选择所有对象.

正在选择所有可见对象……正在分析所选数据……正在分析内部孤岛.

拾取内部点或 [选择对象 (S)/删除边界 (B)]:　　　//在要填充的封闭的图形线框内点
击,然后单击"确定"按钮。

命令 : Pline ↵(绘制断面剖切符号)　　　//利用多段线命令绘制

指定起点 :↵　　　　　　　　　　　　　//在绘制剖切符号合适的位置点取一点

当前线宽为 0

指定下一个点或 [圆弧 (A)/半宽 (H)/长度 (L)/放弃 (U)/宽度 (W)]:w↵

指定起点宽度 <0>: 1 ↵

指定端点宽度 <1>:↵

指定下一个点或 [圆弧 (A)/半宽 (H)/长度 (L)/放弃 (U)/宽度 (W)]: 5 ↵

指定下一点或 [圆弧 (A)/闭合 (C)/半宽 (H)/长度 (L)/放弃 (U)/宽度 (W)]:w↵

指定起点宽度 <1>: 0 ↵

指定端点宽度 <0>: 0 ↵

指定下一点或 [圆弧 (A)/闭合 (C)/半宽 (H)/长度 (L)/放弃 (U)/宽度 (W)]: 6 ↵

指定下一点或 [圆弧 (A)/闭合 (C)/半宽 (H)/长度 (L)/放弃 (U)/宽度 (W)]:w↵

指定起点宽度 <0>: 2 ↵

指定端点宽度 <2>: 0 ↵

指定下一点或 [圆弧 (A)/闭合 (C)/半宽 (H)/长度 (L)/放弃 (U)/宽度 (W)]: 5 ↵

指定下一点或 [圆弧 (A)/闭合 (C)/半宽 (H)/长度 (L)/放弃 (U)/宽度 (W)]:↵

命令:Mirror ↵

选择对象:找到 1 个↵   //点取绘制好的剖切符号

选择对象:↵

指定镜像线的第一点: //在轴线左方点取一点

指定镜像线的第二点: //在轴线右方点取一点

要删除源对象吗? [是(Y)/否(N)] <N>:↵

上述操作绘制结束得出的视图如图 6.44 所示。

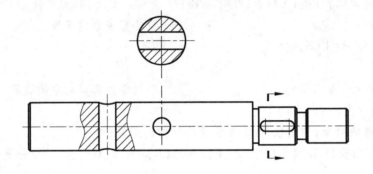

图 6.44　绘制完成的视图效果

(4)绘制螺纹和局部放大图

①绘制螺纹,命令行提示如下:

命令:Line ↵   //用细实线绘制螺纹的小径(螺纹小径尺寸=0.85 大径尺寸)

指定第一点:8.5 ↵   //将光标放置图形内轴线右端点处向上垂直自动延伸

指定下一点或[放弃(U)]:↵ //到左端相交点(正交打开)

命令:Mirror

选择对象:找到 1 个↵   //选择刚绘制的螺纹小径线段

指定镜像线的第一点: //点取轴线上一点

指定镜像线的第二点: //点取轴线上另一点

要删除源对象吗? [是(Y)/否(N)] <N>:↵

绘制完成的图形如图 6.45(a)所示。

②绘制局部放大图,命令行提示如下:

利用"复制"命令将退刀槽对应线段复制到零件图的下方,绘制样条曲线并剪切多余的线段,接着利用"缩放"命令,放大图形比例为 2:1,得到如图 6.45(b)所示的图形。

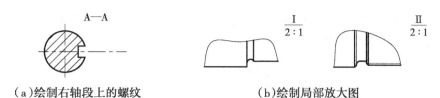

（a）绘制右轴段上的螺纹　　　　　　（b）绘制局部放大图

图6.45　绘制螺纹和局部放大图

轴的图形绘制全部结束得到如图6.46所示的图形。

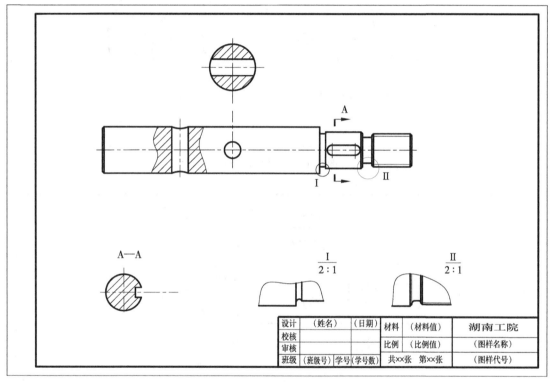

图6.46　轴的图形绘制结束

（5）标注尺寸

标注尺寸时将线宽关闭。如果调用样板图，尺寸标注样式已经预设好，就可以直接标准尺寸，否则必须先设置"标注样式"，再标注尺寸。

①标注轴向尺寸。

利用"标注"工具栏中的"线性标注"工具，标注图形的各个轴向尺寸，得到如图6.47所示的标注效果。

②标注径向尺寸、断面图和局部放大图尺寸。

利用"标注"工具栏中的"线性标注""半径""直径""角度""引线"工具，标注图形的各个径向和其他尺寸，得到如图6.48所示的标注效果。

在标注极限偏差时，利用"标注"工具栏中的"线性标注"进行标注操作后，要选择：［多行文字（M）/文字（T）/角度（A）/水平（H）/垂直（V）/旋转（R）］:M ↵输入"％％C28+0.011

^-0.013",接着选中"+0.011^-0.013",并单击文本框中的堆叠 $\frac{a}{b}$ 按钮,最后单击"确定"按钮,得到如图 6.48 所示的效果。

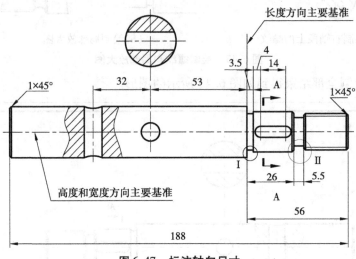

图 6.47 标注轴向尺寸

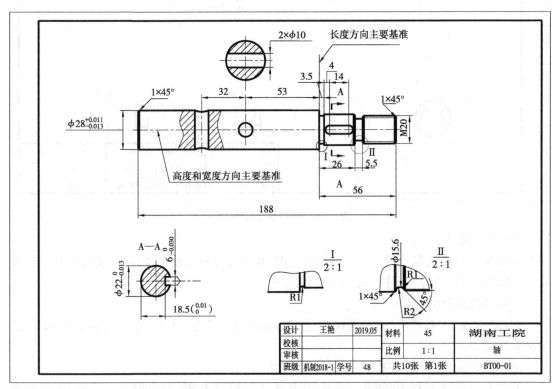

设计	王艳	2019.05	材料		45	湖南工院
校核			比例		1:1	轴
审核						
班级	机制2018-1	学号	48	共10张	第1张	BT00-01

图 6.48 标注径向尺寸、断面图和局部放大图尺寸

③标注表面粗糙度和形位公差。

标注表面粗糙度的操作,只要利用"插入块"命令,将已制作好的表面粗糙度图块插入到需要加工的表面即可。

标注形位公差的操作,有以下两种方法:

①命令:Qleader(Le)。

②工具栏:"快速引线" 按钮。

运行上述任一操作后,命令行提示如下:

指定第一个引线点或[设置(S)] <设置>:↵　　　//弹出"引线设置"对话框,"注释"选项的设置如图6.49(a)所示,"引线和箭头"选项的设置如图6.49(b)所示。

指定第一个引线点或[设置(S)] <设置>:　　　//光标对准左端直径为28的尺寸箭头点取,弹出"行位公差"对话框如图6.50所示,输入需要的数值后,单击"确定"按钮即可。

右端要插入基准符号,基准符号也可做成外部块,重复插入到所需的图形中。

基准符号块的制作步骤是先绘制基准符号图形,然后在方框中用块的"属性定义"书写"A"字母,如图6.51所示;再制作外部块,调用"插入"块的命令,将基准插入到右端即可。A—A断面图上键槽的对称度公差标注操作同上。

(a)"注释"选项

(b)"引线和箭头"选项

图6.49　"引线设置"对话框

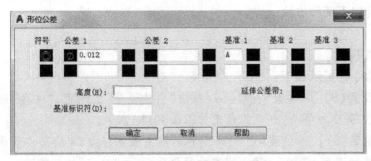

图 6.50　"行位公差"对话框

图 6.51　用块的"属性定义"
书写"A"字用

（6）书写技术要求和修改标题栏各要素

如果调用样板图，文字样式已经预设好，否则必须先设置"文字样式"，再书写文字。

建议技术要求优先采用"多行文字"命令进行书写。

命令：Mtext 或单击绘图工具栏中的"多行文字" A 按钮，在图纸标题栏上方合适的位置点取后，弹出"文字格式"工具栏和书写多行文字的边框，在边框内书写技术要求，写完后再按确定按钮即可。利用"多行文字"对话框书写技术要求在第 5 章中已经叙述，这里不再重复。

利用编辑图块属性命令"Attedit"修改标题栏图块中的各要素，如图 6.52 所示。

块名：　标题栏	
（材料）	1:1
（日期）	20190525
（学号数）	12
（班级号）	机制2018-1
（姓名）	王艳
学号	学号
（图样代号）	01
（图样名称）	箱体
（材料）	HT200
湖南工业职业技术学院	湖南工院
（共XX张第XX张）	（共10第01张）
比例	比例
班级	班级
审核	审核
校核	校核

图 6.52　"编辑属性"对话框

（7）保存文件

绘制完毕的文件应注意保存，单击"保存"按钮进行保存。

6.3.2 叉架类零件图的绘制

绘制如图 6.53 所示的拨叉零件图。

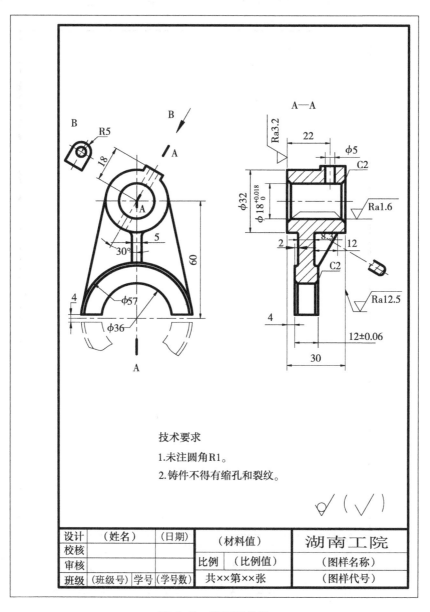

图 6.53 **拨叉零件图**

分析:该类零件的形状不规则,且加工位置不定,所绘制的图形多有倾斜部分,因此除了有主、左视图外,还应有斜视图和移出剖面图;倾斜部分的图形可以在水平位置绘制好后,再用"旋转"命令旋转到倾斜位置。

绘图步骤:

(1)调用样板图(或设置绘图界限、图层、线型、文字样式、标注样式等)

按照该图所标注的尺寸大小和图形布置情况,应调用"A4"样板图,如图6.54所示。

设计	(姓名)		(日期)	(材料值)		湖南工院
校核						
审核				比例	(比例值)	(图样名称)
班级	(班级号)	学号	(学号数)	(共××第××张)		(图样代号)

图6.54 调用"A4"样板图

先建立拨叉的文件名,指定保存的路径,避免发生停电或死机等意外时丢失已绘制的图形文件。

（2）绘制主视图

①确定好主视图的位置。

绘制中心线，命令行提示如下：

> 命令：Line ↵
>
> 指定第一点：　　//在图幅内适当的位置点取一点，绘制主视图的中心线（垂直中心线）
>
> 指定下一点或[放弃(U)]：↵
>
> 命令：Line　　　　　　　　　　　　　　//按空格键重复直线命令
>
> 指定第一点：　　　　　　　　　　　//绘制水平中心线
>
> 绘制指定下一点或[放弃(U)]：↵
>
> 命令：Offset ↵　　　　　　　　　　　//绘制下方的水平中心线
>
> 当前设置：删除源=否　图层=源　OFFSETGAPTYPE=0
>
> 指定偏移距离或[通过(T)/删除(E)/图层(L)]　<通过>：60 ↵
>
> 选择要偏移的对象，或[退出(E)/放弃(U)]　<退出>：　　//点取上方的水平中心线
>
> 指定要偏移的那一侧上的点，或[退出(E)/多个(M)/放弃(U)] <退出>：　　//在水平中心线的下方点取一点；
>
> 选择要偏移的对象，或[退出(E)/放弃(U)]　<退出>：↵

②绘制圆轮廓，命令行提示如下：

> 命令：Circle ↵
>
> 指定圆的圆心或[三点(3P)/两点(2P)/相切、相切、半径(T)]：//点取上方圆心
>
> 指定圆的半径或[直径(D)]：D 指定圆的直径：18 ↵
>
> 命令：Circle　　　　　　　　　　　　　　//按空格键重复圆命令
>
> 指定圆的圆心或[三点(3P)/两点(2P)/相切、相切、半径(T)]：//点取上方圆心
>
> 指定圆的半径或[直径(D)]　<9>：D 指定圆的直径<18>：32 ↵
>
> 命令：Circle　　　　　　　　　　　　　　//按空格键重复圆命令
>
> 指定圆的圆心或[三点(3P)/两点(2P)/相切、相切、半径(T)]：//点取下方圆心
>
> 指定圆的半径或[直径(D)]　<16>：D 指定圆的直径<32>：36 ↵
>
> 命令：Circle　　　　　　　　　　　　　　//按空格键重复圆命令
>
> 指定圆的圆心或[三点(3P)/两点(2P)/相切、相切、半径(T)]：//点取下方圆心
>
> 指定圆的半径或[直径(D)]　<18>：D 指定圆的直径<36>：54 ↵
>
> 命令：Line ↵
>
> 指定第一点：　　　　　　　　//点取圆上的切点（绘制上下两圆相切的轮廓线）
>
> 指定下一点或[放弃(U)]：　　　　　　　　//到另一个圆上的切点
>
> 指定下一点或[放弃(U)]：↵　　　　　　　//左边的轮廓线绘制完毕
>
> 命令：Mirror ↵（右边的轮廓线可用镜像命令来绘制）
>
> 选择对象：找到 1 个↵　　　　　　　　　//点取左边的轮廓线
>
> 选择对象：↵

指定镜像线的第一点：   //在垂直中心线上端位置点取一点

指定镜像线的第二点：   //在垂直中心线下端位置点取一点

要删除源对象吗？[是(Y)/否(N)] \<N\>:↵

③绘制凸台、小通孔、肋板和其他细节部位图形。

绘制并旋转凸台，绘制肋板，命令行提示如下：

命令：Line ↵（绘制图形上部的凸台）

指定第一点：18 ↵   //以上方圆的圆心为起点，向上延伸输入数值

指定下一点或[放弃(U)]：5 ↵

指定下一点或[放弃(U)]：   //点取与圆轮廓相交点

指定下一点或[闭合(C)/放弃(U)]:↵

（另一半可用镜像命令绘制，也可重复上述操作）

命令：Rotate ↵（旋转凸台）

UCS 当前的正角方向：ANGDIR=逆时针 ANGBASE=0

选择对象：总计 4 个↵   //选择要旋转的对象

选择对象:↵

指定基点：   //点取上方圆的圆心

指定旋转角度，或[复制(C)/参照(R)] \<0\>:-30 ↵

命令：Line ↵（绘制上方圆上的小孔，虚线）

指定第一点：2.5   //点取凸台顶部中心线处自动延伸输入数值

指定下一点或[放弃(U)]：   //点取与下方圆轮廓线的交点

指定下一点或[放弃(U)]:↵

（另外一半虚线可镜像，也可重复上述操作）

命令：Trim ↵（对多余线段进行修剪）

当前设置：投影=UCS，边=无

选择剪切边.

选择对象或\<全部选择\>：   //选择被修剪对象的边界

选择对象:↵

选择要修剪的对象，或按住 Shift 键选择要延伸的对象，或

[栏选(F)/窗交(C)/投影(P)/边(E)/删除(R)/放弃(U)]：   //分别选择要修建的

对象

命令：Line ↵（绘制上方圆与下方圆之间的肋板）

指定第一点：2.5 ↵   //在起点位置自动延伸输入数值

指定下一点或[放弃(U)]:\<正交　开\>点取与圆上相交点

指定下一点或[放弃(U)]:↵

绘制肋板的另外一条直线可重复上述操作，也可采用镜像命令绘制，上述操作完成后，绘制结果如图 6.55 所示。

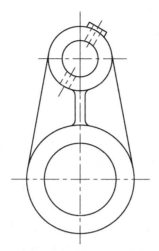

图 6.55 肋板绘制完毕

命令:Circle ↵ (绘制肋板与圆相交处的铸造圆角)

指定圆的圆心或[三点(3P)/两点(2P)/相切、相切、半径(T)]:T ↵

指定对象与圆的第一个切点: //点取圆上的一个切点

指定对象与圆的第二个切点: //点取直线上的一个切点

指定圆的半径<16>:3 ↵

(重复上述操作过程,然后对其进行修剪,将多余线段剪掉)

命令:Offset ↵ (绘制假想另一半拨叉图形及其细节)

当前设置:删除源=否 图层=源 OFFSETGAPTYPE=0

指定偏移距离或[通过(T)/删除(E)/图层(L)] <通过>:2

选择要偏移的对象,或[退出(E)/放弃(U)] <退出>: //选择下方中心线

指定要偏移的那一侧上的点,或[退出(E)/多个(M)/放弃(U)] <退出>: //点取

中心线一侧

选择要偏移的对象,或[退出(E)/放弃(U)] <退出>://选择下方中心线

指定要偏移的那一侧上的点,或[退出(E)/多个(M)/放弃(U)] <退出>: //点取

中心线另一侧

选择要偏移的对象,或[退出(E)/放弃(U)] <退出>:↵

(上述操作完后,再对线段进行匹配,将点划线改变成粗实线)

命令:Spline ↵ (绘制假想的另一半拨叉的局部断裂线)

指定第一个点或[对象(O)]: //在适当位置点取一点

指定下一点:↵ //在适当位置点取一点

指定下一点或[闭合(C)/拟合公差(F)] <起点切向>: //在起点方向点取一点

指定下一点或[闭合(C)/拟合公差(F)] <起点切向>: //在端点方向点取一点

指定下一点或[闭合(C)/拟合公差(F)] <起点切向>:↵

(重复上述操作再绘制一条)

命令:Trim ← (对多余线段进行修剪)

当前设置:投影=UCS,边=无

选择剪切边.

选择对象或<全部选择>:   //选择被修剪对象的边界

选择对象:←

选择要修剪的对象,或按住 Shift 键选择要延伸的对象,或

[栏选(F)/窗交(C)/投影(P)/边(E)/删除(R)/放弃(U)]:   //选择被修剪的对象

选择要修剪的对象,或按住 Shift 键选择要延伸的对象,或

[栏选(F)/窗交(C)/投影(P)/边(E)/删除(R)/放弃(U)]:←   //多次重复,直到

修剪完毕

(将假想的另一半拨叉线段修改为细双点划层线段,在左视图上不画)

上述操作完毕,完成主视图的绘制,得到如图 6.56 所示的效果。

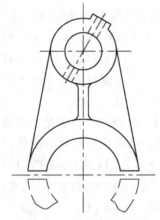

图 6.56 主视图绘制完毕

(3)绘制左视图

用"Xline"构造线命令保证主、左视图间的"高平齐"的投影对应关系(打开对象捕捉),因为是全剖视图,故还必须使用填充命令绘制剖面线,绘制出左视图如图 6.57 所示。

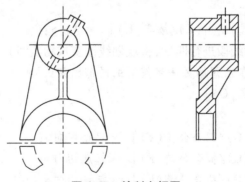

图 6.57 绘制左视图

（4）绘制斜视图和移出断面图

斜视图可先绘制成水平位置,再旋转为倾斜,如图 6.58 所示。

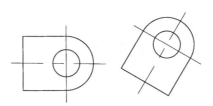

图 6.58 绘制斜视图

绘制移出剖面时,需打开"垂足"捕捉模式。

上述操作全部完成,得到如图 6.59 所示的效果。

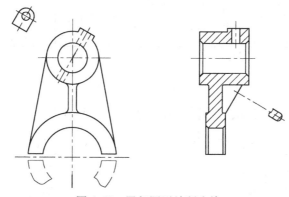

图 6.59 叉架图形绘制完毕

（5）标注尺寸、插入粗糙度图块、尺寸公差、书写技术要求等

（6）剖切符号和向视图箭头的绘制

剖切符号表示剖切的种类和位置。拨叉零件图中的左视图是一个旋转剖视图,其剖切位置要标注出来,便于识图。剖切符号是用短的粗实线表示,可以用多义线命令"Pline"绘制。

（7）填写标题栏中的各要素

标题栏是插入的图块,所以修改标题栏中的各要素时,只要在命令行中输入"Attedit"命令,按回车键后,提示选择块参照,点取标题栏,即弹出"编辑属性"对话框,对其进行编辑即可。

上述的操作过程全部完成后,进行检查。

实训项目 6

6.1　制作图块。

(1)将明细栏定义为带属性的块,并进行插入,结果如图 6.60 所示。

5	BSX00-05	齿轮	1	m=1.5 Z=30
4	BSX00-04	端盖	2	
3		轴承	2	GB/T276-94
2	BSX00-02	轴	1	
1	BSX00-01	箱体	1	
序号	图样代号	名称	数量	备注
10	40	70	15	

图 6.60　题 6.1 图(一)

(2)将表面粗糙度定义为块,并进行插入,结果如图 6.61 所示。

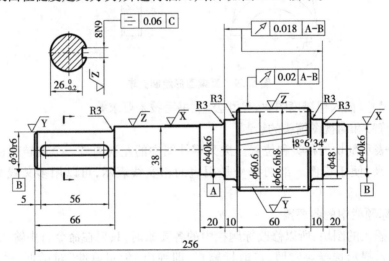

技术要求

1. 未注倒角C2。
2. 齿部高频淬火50—55HB。

图 6.61　题 6.1 图(二)

6.2　绘制如图 6.62 所示的零件图。

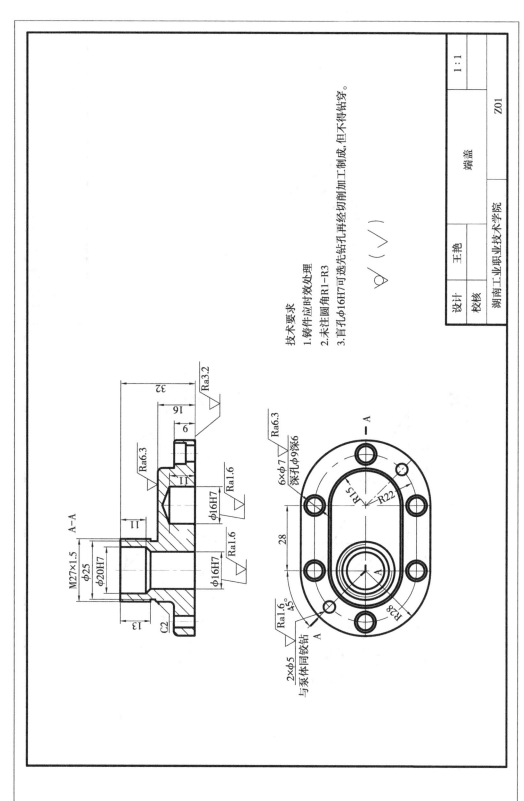

图 6.62 题 6.2 图

6.3 绘制如图 6.63 所示的支架零件图。

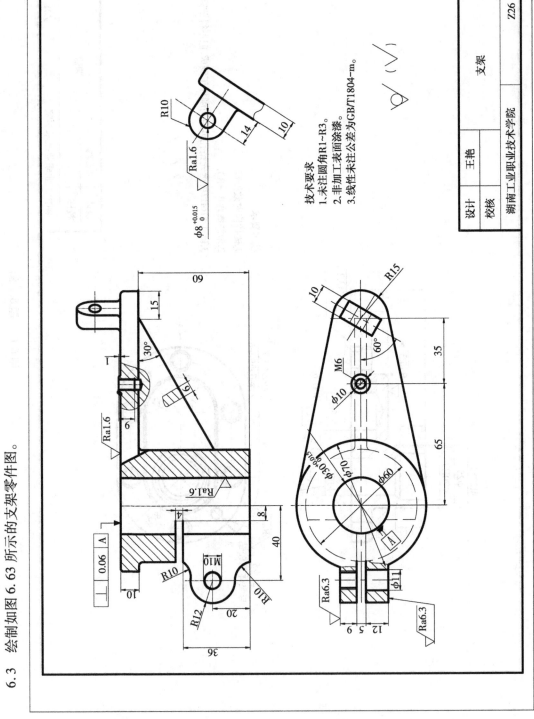

技术要求
1.未注圆角R1~R3。
2.非加工表面涂漆。
3.线性未注公差为GB/T1804—m。

设计	王艳			1:1
校核			支架	Z26
湖南工业职业技术学院				

图 6.63 题 6.3 图

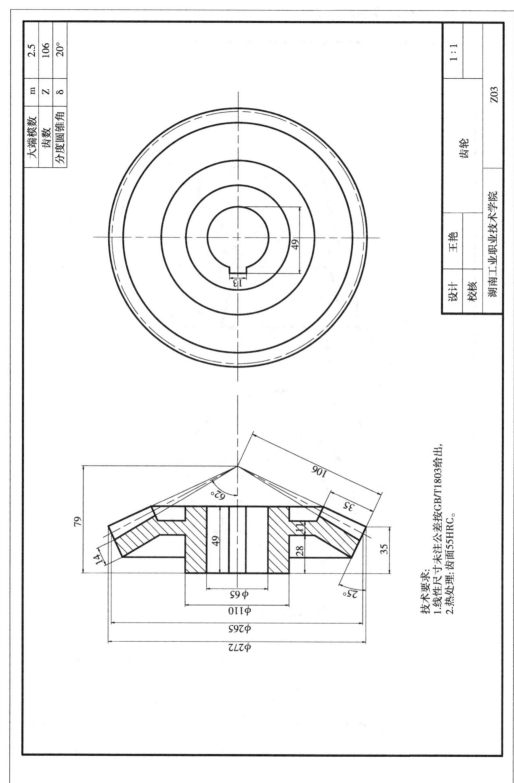

6.4 绘制如图 6.64 所示的齿轮零件图。

大端模数	m	2.5
齿数	Z	106
分度圆锥角	δ	20°

设计　王艳
校核

湖南工业职业技术学院

齿轮

Z03

1:1

技术要求:
1.线性尺寸未注公差按GB/T1803给出,
2.热处理: 齿面55HRC。

图 6.64 题 6.4 图

6.5　绘制如图 6.65 所示的顶座零件图。

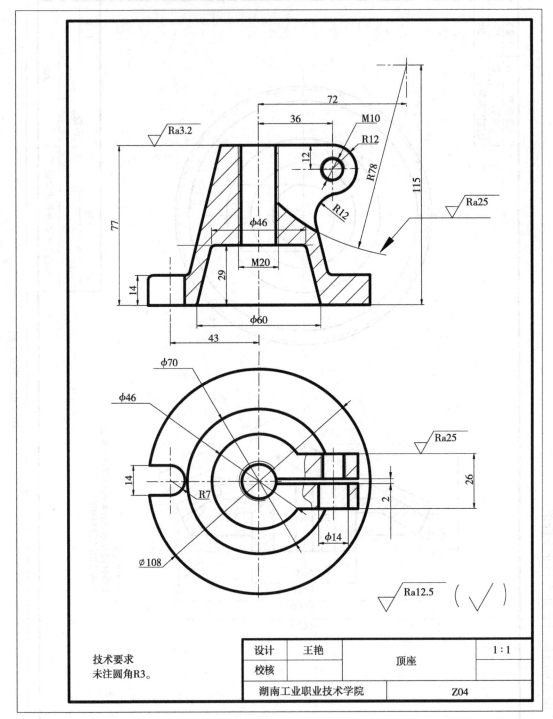

图 6.65　题 6.5 图

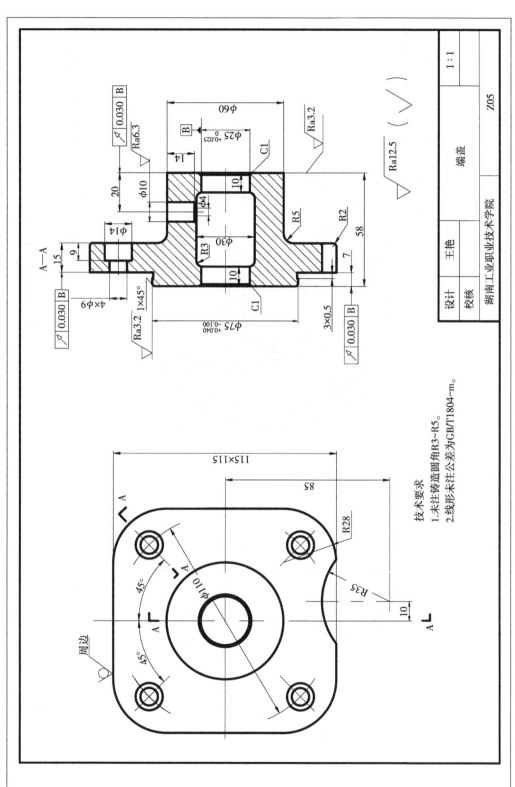

6.6 绘制如图 6.66 所示的端盖零件图。

图 6.66 题 6.6 图

6.7 绘制如图 6.67 所示的齿轮零件图。

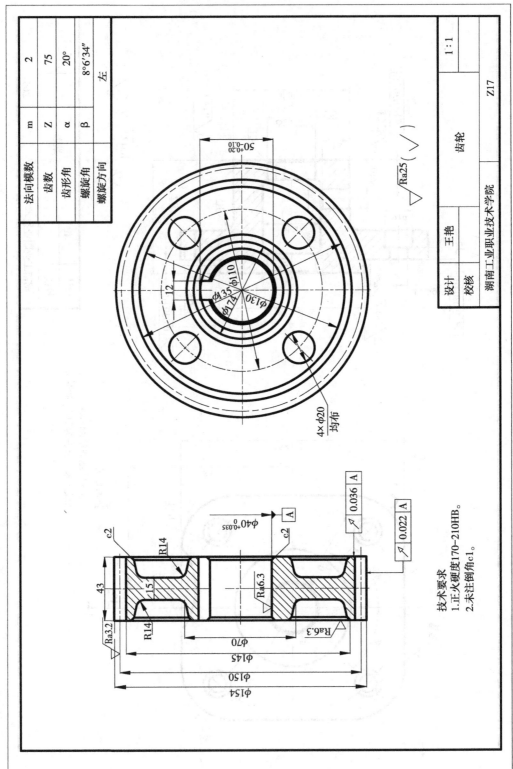

法向模数	m	2
齿数	Z	75
齿形角	α	20°
螺旋角	β	8°6′34″
螺旋方向		左

图 6.67　题 6.7 图

6.8 绘制如图 6.68 所示的轴承座零件图。

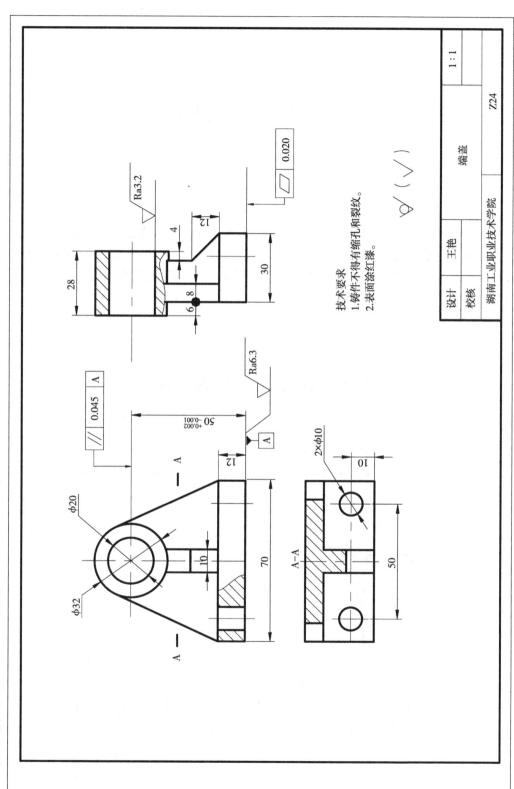

图 6.68 题 6.8 图

第7章 装配图

装配图在生产中具有重要的作用。设计机器和部件时,一般先画出装配图,然后再以装配图为依据进行零件设计,画出零件图;装配机器和部件时,则以装配图为依据,按装配的关系和技术要求,合理地把单个零件装配成机器或部件。因此,装配图有设计装配图和装配工作图之分,前者用于设计阶段,较详细;后者用于指导生产,较为简要。

7.1 装配图的表达方法

如图 7.1 所示,一张完整的装配图包括四个部分的内容。

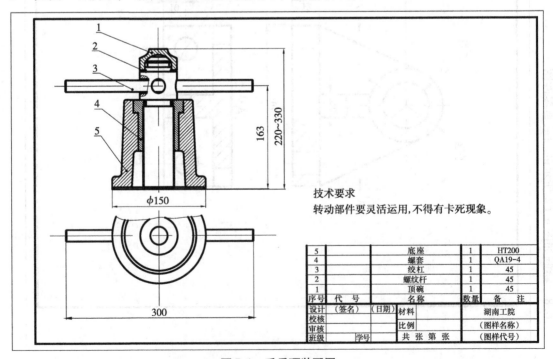

图 7.1 千斤顶装配图

1）视图

视图表达装配体的结构、形状及装配关系。一般采用剖视图、断面图、局部放大图等常规表达方法。视图必须能够正确、完整、清晰地表达机器或部件的形状结构。

2）必要的尺寸

必要的尺寸包括特性尺寸、装配尺寸、外形尺寸、安装尺寸及其他重要尺寸。

3）标题栏与明细栏

标题栏的内容、格式、尺寸等已经标准化，主要填写机器或部件的名称、代号、比例及有关部门人员的签名等。明细栏用作填写零件的序号、代号、名称、数量、材料、重量、备注等。

4）技术要求

用文字或符号说明的机器或部件的性能、装配、调试和使用等方面的要求。可单击工具栏"多行文字"A按钮，在装配图的适当位置输入技术要求。技术要求一般注写在明细表的上方或图纸下部空白处。

7.2 绘制装配图的方法与步骤

对于反复使用到的标准件，如螺母、螺栓、螺钉等，由于类型结构相同，可采用外部块的方法将现有的零件放置在装配图中，然后通过移动命令"Move"、对齐命令"Align"将它们拼接起来。

【例题7.1】绘制千斤顶装配图。

①打开文件夹中"千斤顶"的各零件图（底座、螺套、螺纹杆、绞杆和顶碗）。

②"新建"图形文件，文件名为"千斤顶装配图.dwg"。

③打开千斤顶图形文件"底座.dwg"零件图，关闭标注层，如图7.2所示。在图形窗口中单击右键，弹出快捷菜单，选择"粘贴板"→"带基点复制"命令，命令行提示如下：

命令：_copybase

指定基点：   //用鼠标直接在窗口中单击某点作为基点

窗口（W） 套索 按空格键可循环浏览选项找到50个

选择对象：↵   //回车结束命令

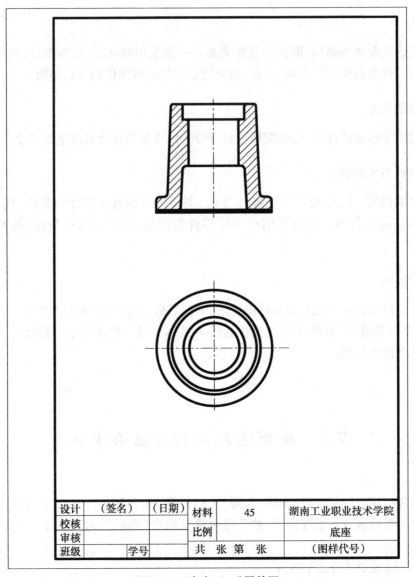

设计	（签名）	（日期）	材料	45	湖南工业职业技术学院	
校核			比例		底座	
审核						
班级	学号		共 张 第 张		（图样代号）	

图7.2 "底座.dwg"零件图

④切换图形到"千斤顶装配图.dwg"，在图形窗口中单击右键，弹出快捷菜单，选择"粘贴板"→"粘贴为块"命令，将底座粘贴到"千斤顶装配图.dwg"中，结果如图7.3所示。

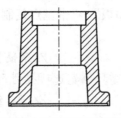

图7.3 将底座粘贴到"千斤顶装配图.dwg"图中

⑤打开图形文件"螺套.dwg"零件图,关闭零件层,如图7.4所示。在图形窗口中单击右键,弹出快捷菜单,选择"粘贴板"→"带基点复制"命令,命令行提示如下:

命令:_copybase
指定基点: //用鼠标直接在窗口中单击某点作为基点
窗口(W) 套索 按空格键可循环浏览选项找到22个
选择对象:↵   //回车结束命令

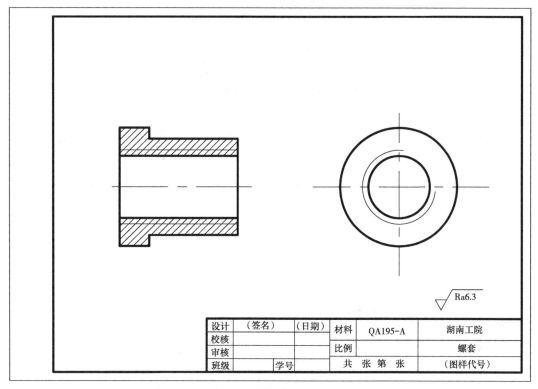

图7.4 "螺套.dwg"零件图

⑥切换到"千斤顶装配图.dwg"图形,在图形窗口中单击右键,弹出快捷菜单,选择"粘贴板"→"粘贴为块"命令,将螺套粘贴到"千斤顶装配图.dwg"中,并旋转-90°,结果如图7.5所示。

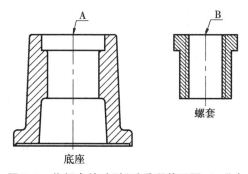

图7.5 将螺套粘贴到"千斤顶装配图.dwg"中

⑦使用移动命令"Move",选中螺套中心线,将螺套移到与底座对应的中心线处,使 A、B 点重合于 C 点,如图 7.6 所示。

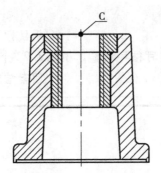

图 7.6   将螺套移到与底座对应的中心线处

⑧引用外部图形。

A. 打开图形文件"螺纹杆.dwg",关闭标注层,用基点命令"Base"定义图形的插入点为 D 点,然后保存图形,如图 7.7 所示。

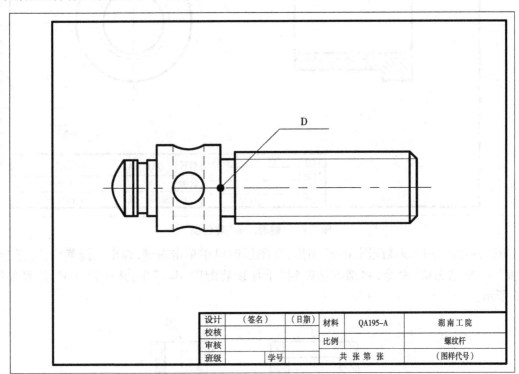

设计	（签名）	（日期）	材料	QA195-A	湖南工院
校核					
审核			比例		螺纹杆
班级		学号	共 张 第 张		（图样代号）

图 7.7   "螺纹杆.dwg"零件图

B. 打开"千斤顶装配图.dwg",单击"插入"菜单中的"外部参照"选项,弹出"外部参照"对话框,如图 7.8 所示。选择"附着"按钮,弹出"选择参照文件"对话框,如图 7.9 所示。选择图形文件"螺纹杆.dwg",应用该图形到"千斤顶装配图.dwg"中,将该图形旋转-90 度,并使 C、D 点重合,单击"确定",图形已经加载在"千斤顶装配图.dwg"中,如图 7.10 所示。

图 7.8　"外部参照"对话框

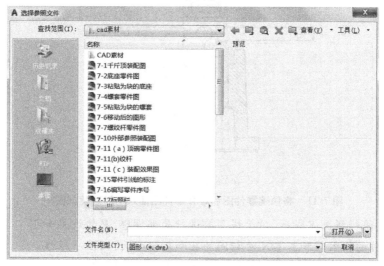

图 7.9　"选择参照文件"对话框

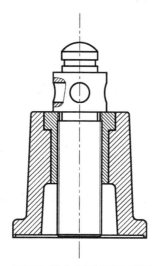

图 7.10　图形加载在"千斤顶装配图.dwg"中

⑨按照上述方法依次将顶碗零件图7.11(a)和绞杆零件图7.11(b),插入到千斤顶装配图中,结果如图7.11(c)所示。

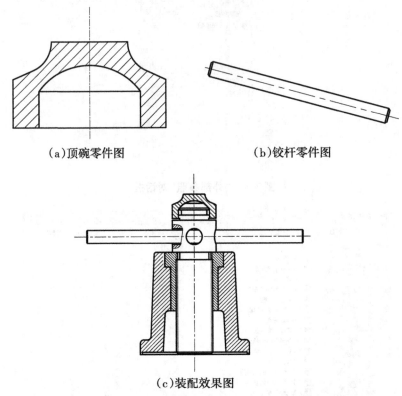

(a)顶碗零件图 (b)铰杆零件图

(c)装配效果图

图7.11 将顶碗零件图和绞杆零件图插入千斤顶装配图中

注意:直接编辑拼画完成后,对于线型要进行局部调整,具体规定如下:

a.相邻零件的接触面和基本尺寸相同的孔和轴配合面,只画一根线。

b.相邻零件的剖面线的倾斜方向相反或方向相同但间隔不相等。

c.当剖面的宽度≤2时,允许用涂黑代替剖面线。

⑩编写零件序号。

零、部件序号包括指引线、序号数字和序号排列顺序,一般采用快速引线来完成零件序号的标记。

命令行输入"快速引线"命令"Qleader",命令行提示如下:

命令:LE ↵

QLEADER

指定第一个引线点或[设置(S)] <设置>:s↵   //打开"引线设置"选项对话框

弹出"引线设置"对话框,其中"注释"选项的设置如图7.12所示,打开"引线和箭头"选项的设置如图7.13所示,打开"附着"选项的设置如图7.14所示。

图 7.12　"**注释**"**选项**

图 7.13　"**引线和箭头**"**选项**

图 7.14　"**附着**"**选项**

⑪在装配图中,按各零件的装配位置标记零件序号,如图 7.15 所示。命令行提示如下:

指定第一条引线点或[设置(S)]<设置>:	//在千斤顶顶碗图块上单击一点
指定下一点:	//鼠标直接在适当位置指定引线的
下一点	
指定文字宽度<0>:	//回车
输入注释的文字第一行<多行文字(M)>:1↵	//输入零件序号1
输入注释文字下一行:↵	//回车,结束零件序号标记

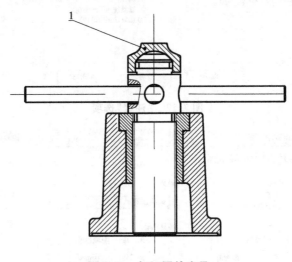

图7.15 标记零件序号

⑫重复上述方法,依次将各零件引线标记完成,并补齐装配图的尺寸标注,结果如图7.16所示。

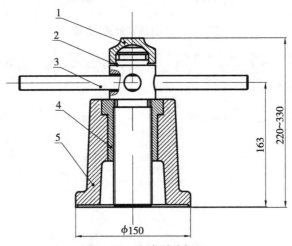

图7.16 完成引线标记

⑬按照前面讲的步骤将俯视图也绘制完成。

⑭调用绘制好的标题栏和明细栏。前面已学习过标题栏和明细栏的绘制方法,此处不再重复。如图7.17所示,将标题栏和明细栏设置成块,插入到装配图中,如图7.18所示。

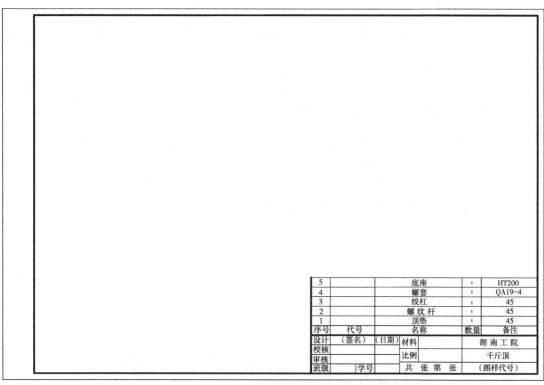

5			底座	1	HT200
4			螺套	1	QA19-4
3			绞杠	1	45
2			螺纹杆	1	45
1			顶垫	1	45
序号	代号		名称	数量	备注
设计	(签名)	(日期)	材料		湖 南 工 院
校核			比例		千斤顶
审核					
班级		学号	共 张 第 张		(图样代号)

图 7.17 绘制标题栏和明细栏

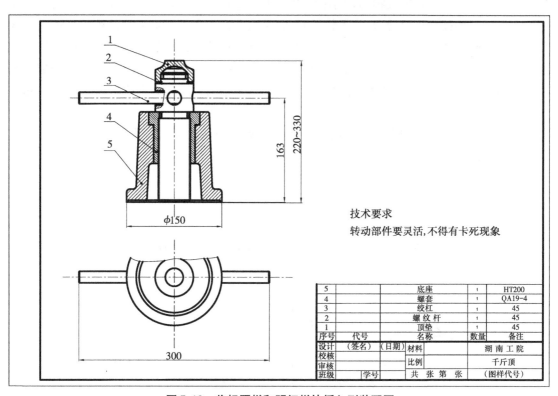

技术要求

转动部件要灵活,不得有卡死现象

5			底座	1	HT200
4			螺套	1	QA19-4
3			绞杠	1	45
2			螺纹杆	1	45
1			顶垫	1	45
序号	代号		名称	数量	备注
设计	(签名)	(日期)	材料		湖 南 工 院
校核			比例		千斤顶
审核					
班级		学号	共 张 第 张		(图样代号)

图 7.18 将标题栏和明细栏块插入到装配图

⑮明细表的编写。

明细栏是机器或部件中全部零、部件的详细目录。它通常写在标题栏的上方,当标题栏上方位置不够时,也可续写在标题栏的左方。明细栏的边框竖线为粗实线,其余均为细实线。根据装配图的实际大小,打开相应的样板图(样板图的创建,在第 6 章中已经介绍,这里不再重复)。在标题栏上方填写明细栏,具体格式如图 7.19 所示。

5		底座	1	HT200
4		螺套	1	QA19~4
3		绞杠	1	45
2		螺纹杆	1	45
1		顶垫	1	45
序号	代号	名称	数量	备注
设计	(签名)	(日期)	材料	湖南工院
校核			比例	千斤顶
审核				
班级		学号	共 张 第 张	(图样代号)

图 7.19 明细栏的填写

⑯将绘制好的装配图图形复制粘帖到填写完成的图框中,并将图形绘制完整,然后在明细栏上方注写技术要求,装配图的最终效果见图 7.1。

7.3 根据装配图拆画零件图

如果有了机器各部件的装配图,就可以通过分析机器的工作原理来拆画零件图。

下面再以千斤顶为例,说明拆画零件图的步骤。

首先观察下千斤顶的实物图,如图 7.20(f)所示,根据实物图可以了解千斤顶的工作原理即利用螺纹连接来传递动力,将重物托起,它是汽车修理和机械安装等常用的一种起重或顶压工具,但顶举的高度不能太大。工作时,绞杆穿过螺纹杆顶部的孔,旋动绞杆,螺旋杆在螺套中靠螺纹杆的上升而顶起。螺套镶在底座里,并用螺钉定位,便于磨损后更换修配。螺旋杆的球面形顶部,套一个顶碗,靠螺钉与螺旋杆连接而不固定,防止顶碗随螺旋杆一起旋转而且不脱落。

根据以上分析可以知道千斤顶由底座、螺套、螺纹杆、绞杆、顶碗等五个部分组成,各零件模型图如图 7.20(a)~(e)所示。

(a)顶碗模型图　　　(b)绞杆模型图　　　(c)螺纹杆模型图

(d)螺套模型图　　　(e)底座模型图　　　(f)千斤顶装配体

图 7.20 千斤顶各组成零件与模型图

在 AutoCAD 2018 中,可以采用多文档拆画零件图,同时打开装配图和零件图,然后将多个图形窗口水平或竖直布置,如图7.21 所示。

拆画零件图步骤如下:

①首先打开千斤顶"装配图.dwg"文件,关闭标注层,创建新图形文件,文件名为"顶碗.dwg";单击"窗口"中的"垂直平铺"选项,激活右边的千斤顶装配图窗口,右击弹出光标菜单,如图7.22 所示,选择"剪贴板"→"带基点复制"命令,选择零件"顶碗"作为复制对象。

图 7.21　多个窗口竖直布置

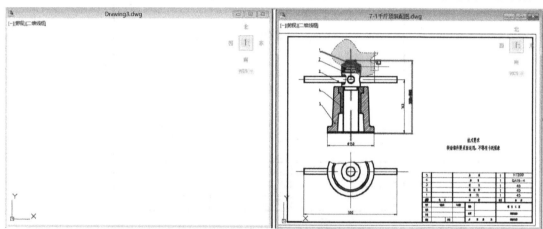

图 7.22　"带基点复制"顶碗零件图

②选择左边零件图窗口激活它,选择"剪贴板"→"粘贴"命令,在屏幕上指定适当的插入点,将零件"底座"粘贴到图形窗口中,结果如图 7.23 所示。

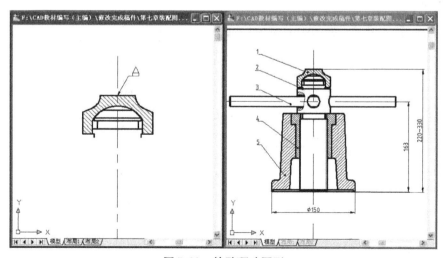

图 7.23　粘贴顶碗图形

③删除图形中的多余线段,修整"顶碗.dwg"图形,补全图形俯视图并标注尺寸,并放置

在图框中,如图 7.24 所示。图幅的绘制方法前面章节有过介绍,在此不再重复。

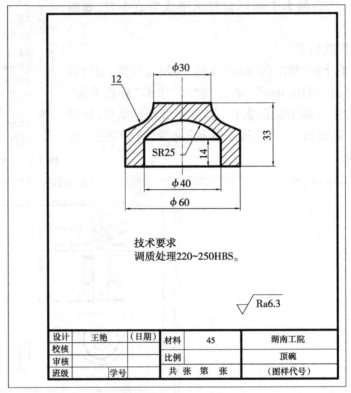

图 7.24 "顶碗"零件图

④在装配图窗口单击右键,选择"剪贴板"→"带基点复制"命令,以 B 为基点,选择零件"绞杆"作为复制对象;在屏幕上指定适当的插入点,将零件"绞杆"粘贴到图形窗口中,结果如图 7.25 所示。

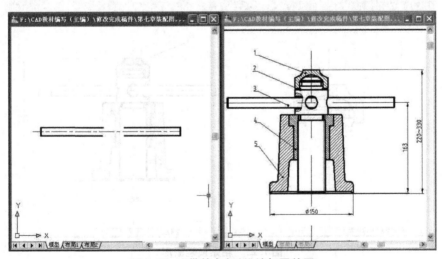

图 7.25 "带基点复制"绞杆零件图

⑤修整"绞杆.dwg"图形,标注尺寸,并放置在图框中,如图 7.26 所示。

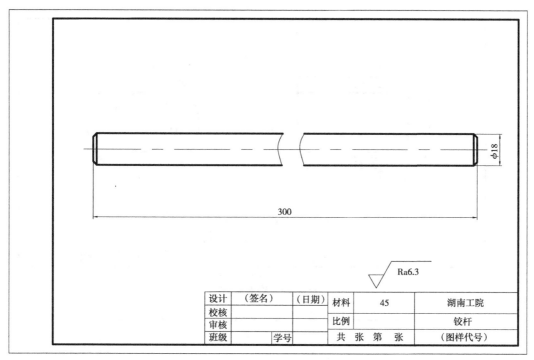

图 7.26　绞杆零件图

⑥重复上述操作,依次将螺纹杆、螺套、底座零件从装配图中拆画出来,得到的零件图如图 7.27、图 7.28 和图 7.29 所示。

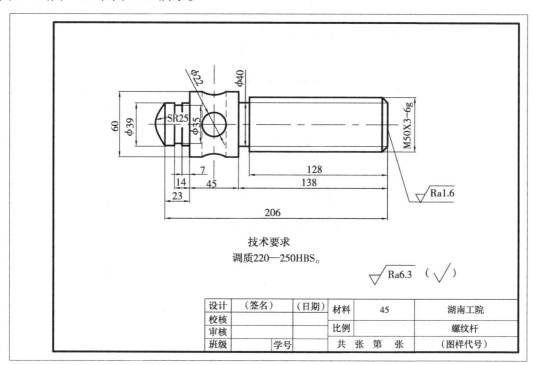

图 7.27　螺纹杆零件图

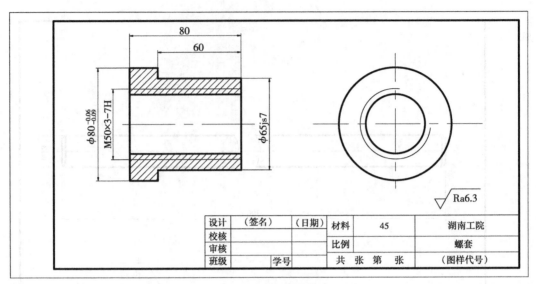

图 7.28　螺套零件

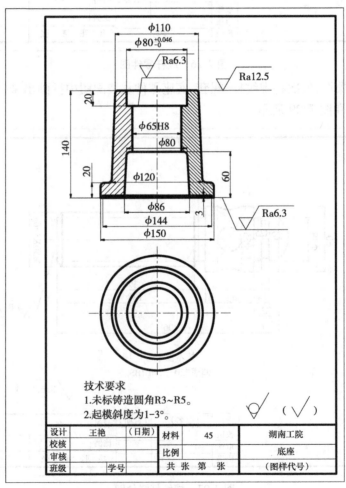

技术要求

1.未标铸造圆角R3~R5。

2.起模斜度为1-3°。

图 7.29　底座零件图

实训项目 7

7.1 根据滑动轴承装配体各组成零件的零件图拼画装配图,零件图如图7.30(a)、(b)、(c)、(d)所示。

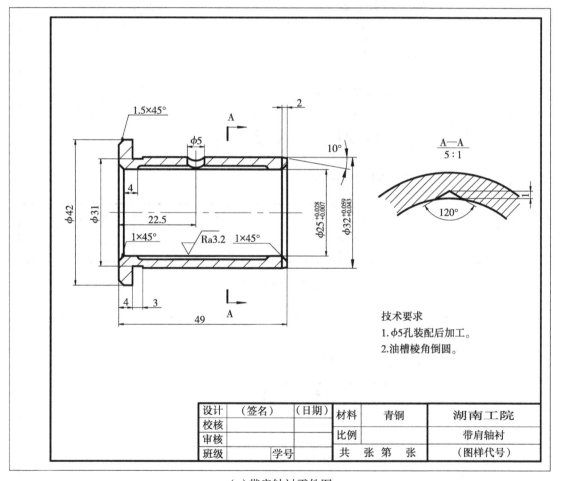

设计	(签名)	(日期)	材料	青铜	湖南工院
校核					
审核			比例		带肩轴衬
班级		学号	共 张 第 张		(图样代号)

技术要求

1. φ5孔装配后加工。
2. 油槽棱角倒圆。

(a)带肩轴衬零件图

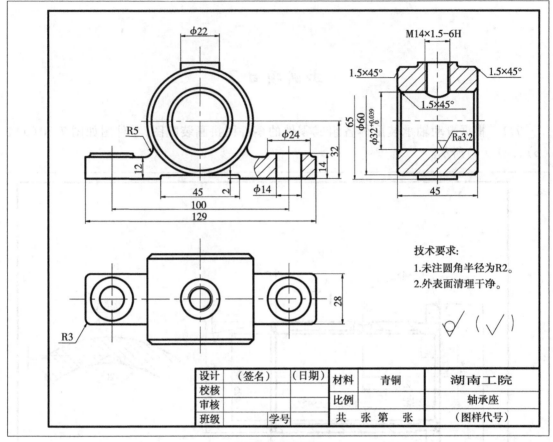

技术要求:
1.未注圆角半径为R2。
2.外表面清理干净。

设计	(签名)	(日期)	材料	青铜	湖南工院
校核			比例		轴承座
审核					
班级	学号		共　张　第　张		(图样代号)

(b)轴承座零件图

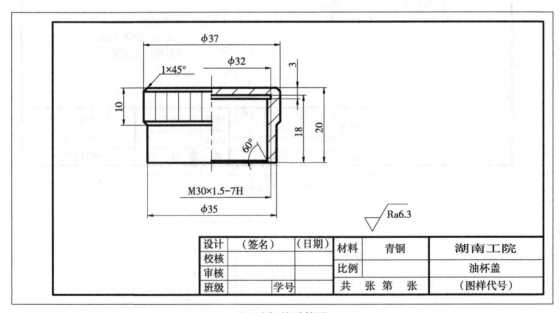

设计	(签名)	(日期)	材料	青铜	湖南工院
校核			比例		油杯盖
审核					
班级	学号		共　张　第　张		(图样代号)

(c)油杯盖零件图

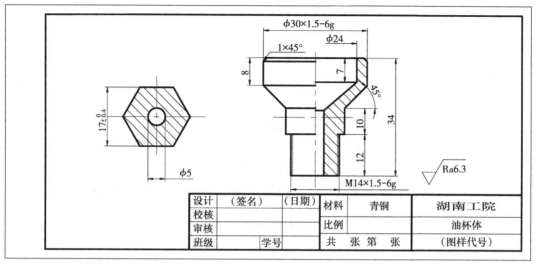

（d）油杯体零件图

图 7.30 题 7.1 图

7.2 根据支顶装配体各组成零件的零件图拼画装配图，零件图如图 7.31（a）、（b）、（c）所示。

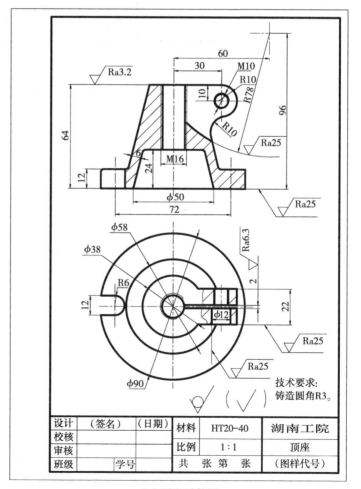

设计	（签名）	（日期）	材料	HT20-40	湖南工院
校核			比例	1：1	顶座
审核					
班级		学号	共 张第 张		（图样代号）

（a）顶座零件图

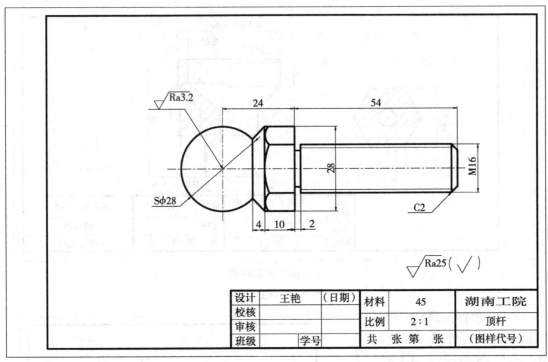

（b）顶杆零件图

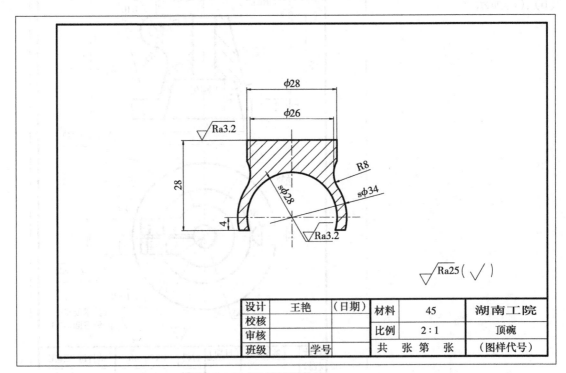

（c）顶碗零件图

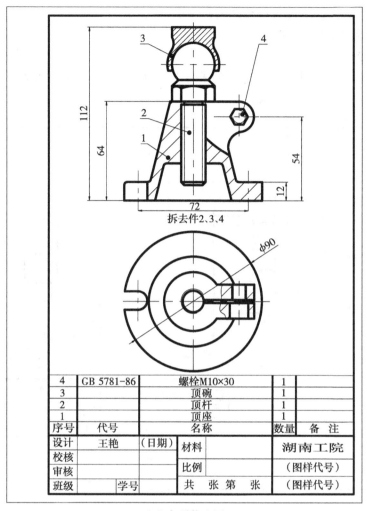

4	GB 5781-86	螺栓M10×30	1	
3		顶碗	1	
2		顶杆	1	
1		顶座	1	
序号	代号	名称	数量	备注
设计	王艳	（日期）	材料	湖南工院
校核				
审核			比例	（图样代号）
班级		学号	共　张第　张	（图样代号）

(d) 支顶装配图

图 7.31　题 7.2 图

作图步骤提示

采用插入块或外部参照的方式,由零件子图拼画装配图。

(1) 根据零件大小及绘图比例,选用 A4 样板图。

(2) 分析确定装配图的表达方案:主视图采用全剖,表达装配关系和工作原理,俯视图采用拆卸画法,表达主体零件的形状;确定装配顺序:顶座→顶杆→顶碗→螺钉;按装配顺序从零件图中取出所需的视图,并根据需要改变零件放置的方向,如顶杆在零件图中水平放置,装配时应将其旋转为竖直放置,关闭尺寸标注层。

(3) 四个零件子图必须采用相同的绘图比例,这里统一采用 1:1 的比例。将子图保存,也可将其子图制作为图块,在拾取插入点时,应选择一个在插入图块时能准确确定图块位置的特殊点,如顶杆的插入基准点应选图中的 A 点,插入到顶座的目标点应选图中 B 点。

(4) 拼装配图:可以先打开顶座的子图,然后用插入块和外部参照的方式将另外 3 个零件子图拼装装配图。拼装完成以后,要仔细检查,对于螺纹连接处的画法要作修改,凡是被遮挡部分应进行修剪处理,要符合装配图画法中的规定。

(5)作图完成后,标注尺寸。

(6)绘制明细栏。

7.3 根据钻模装配体各组成零件的零件图拼画装配图,零件图如图题7.32(a)、(b)、(c)、(d)、(e)、(f)、(g)、(h)所示。

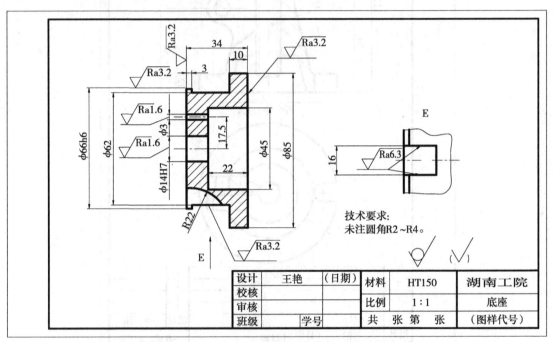

(a)底座零件图

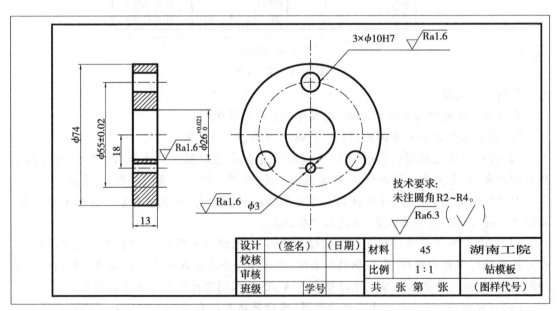

(b)钻模板零件图

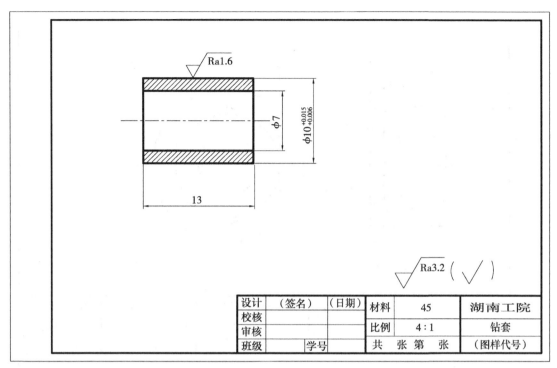

（c）钻套零件图

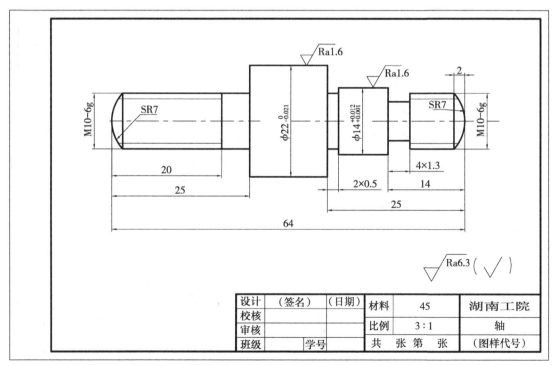

（d）轴零件图

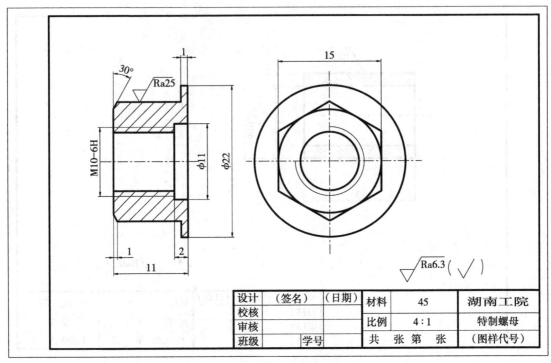

（e）特制螺母零件图

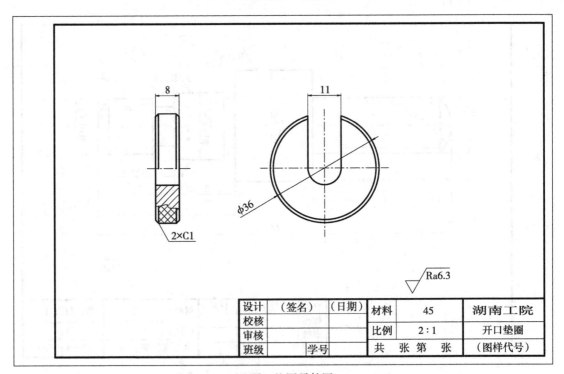

（f）开口垫圈零件图

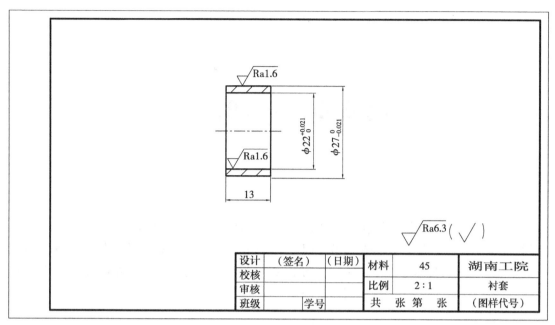

（g）衬套零件图

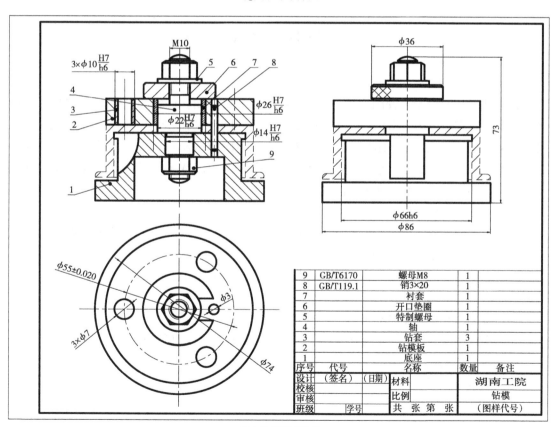

（h）钻模装配图

图7.32 题7.3图

第8章　打印图形

AutoCAD 2018 提供了强大的图形输出功能,可从模型空间直接打印图样,也可从图纸空间打印图样。工程图样都是在模型空间完成绘制的,如果只需要草图输出,那么是可以从模型空间直接进行打印的。但在实际应用中,都希望对图形进行适当的处理后再输出,因此在进行打印输出之前需了解打印前的一些相关设置。

8.1　打印图形的过程

在模型空间中绘制工程图样后,选择标准幅面图纸,用缩放命令对图框进行缩放,然后将工程图布置在图框内,标注尺寸及书写文字后,就可以输出图形了。需要注意的是:如果尺寸及文字是注释性对象,则注释比例应该等于打印比例;若不是,则标注的总体比例因子应设定为打印比例的倒数,文字高度也应该按打印比例的倒数进行缩放。这样才能保证打印后尺寸及文字外观与设定值相同。

输出图形的主要过程如下:

①指定打印设备,可以是 Windows 系统打印机或是在 AutoCAD 2018 中安装的打印机。

②选择图纸幅面及打印份数。

③设定要输出的内容。例如,可指定将某一矩形区域的内容输出,或是将包含所有图形的最大矩形区域输出。

④调整图形在图纸上的位置及方向。

⑤选择打印样式。若不指定打印样式,则按对象原有属性进行打印。

⑥设定打印比例。

⑦预览打印效果。

8.2 设置打印参数

在 AutoCAD 2018 中,可使用内部打印机或 Windows 系统打印机输出图形,方便地修改打印机设置及其他打印参数。

"打印"命令启动方法有以下四种:

①命令:PLOT。

②菜单命令:"文件"→"打印"。

③"标准"工具栏:打印命令🖶按钮。

④快捷键:"Ctrl+P"。

启动打印命令后,弹出如图 8.1 所示的"打印-模型"对话框。在"打印-模型"对话框中包含有"页面设置""打印机→绘图仪""图纸尺寸""打印区域""打印比例""打印偏移"等选项。

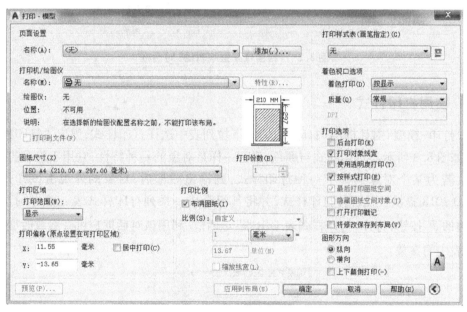

图 8.1 "打印-模型"对话框

8.2.1 选择打印设备

在"打印-模型"对话框的"打印机→绘图仪"分组框的"名称"下拉列表中,可选择 Windows 系统打印机或 AutoCAD 2018 内部打印机(".pc3"文件)作为输出设备。注意,这两种打印机名称前的图标是不一样的。当选定某种打印机后,"名称"下拉列表下面将显示被选中设备的名称、连接端口以及其他有关打印机的注释信息。

如果想修改当前打印机设置,可单击 特性(R)... 按钮,打开"绘图仪配置编辑器"对话框,如图8.2所示。在该对话框中可以重新设定打印机端口及其他输出设置,如打印介质、自定义特性、校准及自定义图纸尺寸等。

图8.2 "绘图仪配置编辑器"对话框

8.2.2 使用打印样式

在"打印-模型"对话框的"打印样式表"下拉列表中选择打印样式,弹出"打印样式表"对话框如图8.3所示。打印样式与颜色、线型一样是对象的一种特性,它用于修改打印图形的外观,若为某个对象选择了一种打印样式,则输出图形后,对象的外观由该样式决定。AutoCAD 2018提供了几百种打印样式,并将其组合成一系列打印样式表。单击"打印样式表"右边的 按钮,打开"打印样式表编辑器"对话框,利用该对话框户可查看或改变当前打印样式表中的参数。

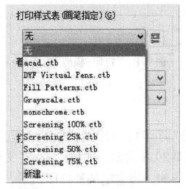

图8.3 "打印样式表"对话框

有以下两种类型的打印样式表。

①颜色相关打印样式表:该表以".ctb"为文件扩展名保存,共包含255种打印样式,每种颜色对应一个打印样式,样式名分别为"颜色1""颜色2"等。系统自动根据对象的颜色分配打印样式,也可以对已分配的样式进行修改。

②命名相关打印样式表:该表以".stb"为文件扩展名保存。该表中包括一系列命名的打印样式,可直接将某种打印样式分配给对象。用户能修改打印样式的设置及其名称,还可添加新的样式。

8.2.3 选择图纸幅面

在"打印-模型"对话框的"图纸尺寸"下拉列表中确定输出图纸的大小,"图纸尺寸"对话框如图8.4所示。"图纸尺寸"下拉列表中包含了选定的打印设备可用的标准图纸尺寸。当选择某种幅面图纸时,该列表右上角出现所选图纸及实际打印范围的预览图像(打印范围用阴影表示出来),如图8.5所示。将鼠标光标移到图像上面,在光标位置处就显示出精确的图纸尺寸及图纸上可打印区域的尺寸。

图8.4 "图纸尺寸"对话框

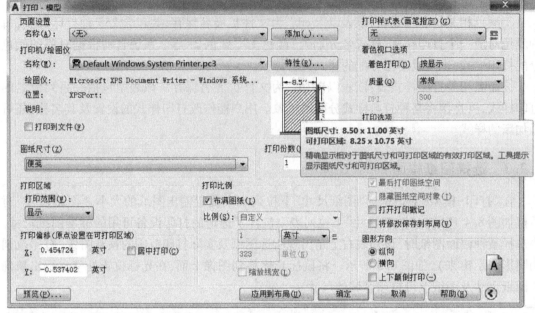

图8.5 "打印范围"对话框

8.2.4 设定打印区域

在"打印-模型"对话框的"打印范围"指设置打印输出的图形范围,其下拉列表中包含"窗口""图形界限""显示"3个设定打印范围选项,如图8.6所示。

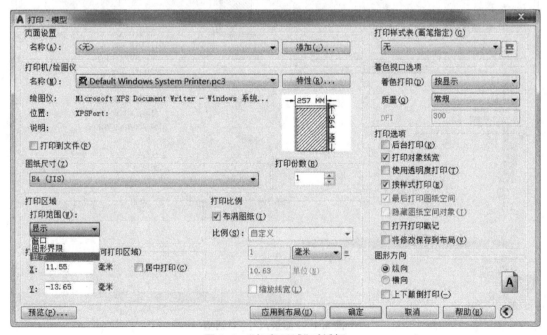

图8.6 "打印区域"对话框

　　"窗口"选项：可以在绘图屏幕上确定输出区域，打印指定图形的任何部分。单击"窗口"按钮，使用定点设备指定打印区域的对角或输入坐标值。

　　"图形界限"选项：表示输出区域为绘图界限确定的区域。

　　"显示"选项：选择此项，将只打印当前显示的图形对象。

8.2.5　设定打印比例

　　在"打印-模型"对话框的"打印比例"中设置出图比例，如图8.7所示。绘制阶段根据实物按1∶1比例绘图，出图阶段需依据图纸尺寸确定打印比例，该比例是图纸尺寸单位与图形单位的比值。当测量单位是毫米，打印比例设定为1∶2时，表示图纸上的1mm代表两个图形单位。

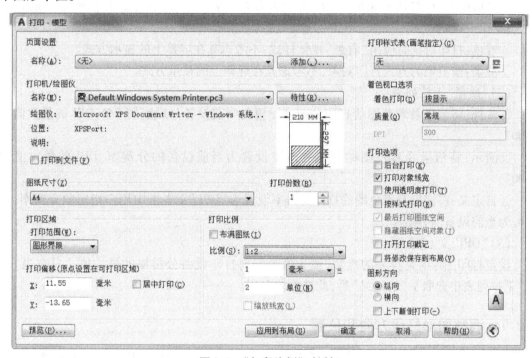

图8.7　"打印比例"对话框

　　"比例"下拉列表包含了一系列标准缩放比例值。此外，还有"自定义"选项，该选项可以指定打印比例。

　　从模型空间打印时，"打印比例"的默认设置是"布满图纸"。此时，系统将缩放图形以充满所选定的图纸。

8.2.6　设定着色打印

　　着色打印用于指定着色图及渲染图的打印方式，并可设定它们的分辨率。在"打印-模型"对话框的"着色视口选项"中设置着色打印方式，如图8.8所示。

　　"着色视口选项"对话框中包含以下三个选项：

图 8.8 "着色视口选项"对话框

（1）"着色打印"下拉列表

①按显示：按对象在屏幕上的显示方式打印对象。

②线框：打印对象线框，不考虑其在屏幕上的显示方式。

③隐藏：打印对象时消除隐藏线，不考虑对象在屏幕上的显示方式。

④真实：打印对象时应用"真实"视觉样式，不考虑其在屏幕上的显示方式。

⑤带边框着色：打印对象时应用"带边框着色"视觉样式，不考虑其在屏幕上的显示方式。

⑥着色：打印对象时应用"着色"视觉样式，不考虑其在屏幕上的显示方式。

⑦渲染：按渲染的方式打印对象，不考虑其在屏幕上的显示方式。

（2）"质量"下拉列表

①常规：将渲染及着色图的打印分辨率设置为当前设备分辨率的 1/2，DPI 的最大值为"300"。

②演示：将渲染及着色图的打印分辨率设置为当前设备的分辨率，DPI 的最大值为"600"。

③自定义：将渲染及着色图的打印分辨率设置为"DPI"文本框中用户指定的分辨率，最大可为当前设备的分辨率。

（3）"DPI"文本框

设定打印图像时每英寸的点数，最大值为当前打印设备分辨率的最大值。只有当"质量"下拉列表中选取了"自定义"后，此选项才可用。

8.2.7 调整图形打印方向和位置

图形在图纸上的打印方向通过"打印-模型"对话框的"图形方向"分组框中的选项调整。该分组框包含一个图标，此图标表明图纸的放置方向，图标中的字母代表图形在图纸上的打印方向。

"图形方向"包含以下三个选项，如图 8.9 所示：

图 8.9 "图形方向"对话框

①纵向：图形在图纸上的放置方向是水平的。

②横向：图形在图纸上的放置方向是竖直的。

③上下颠倒打印：使图形颠倒打印，此选项可与纵向、横向结合使用。

图形在图纸上的打印位置由"打印–模型"对话框的"打印偏移"中的选项确定,如图 8.10 所示。默认情况下,AutoCAD 2018 从图纸左下角打印图形,打印原点处在图纸左下角位置,坐标是(0,0)。可在"打印偏移"分组框中设定新的打印原点,这样图形在图纸上将沿 x 轴和 y 轴移动。

"打印偏移"分组框包含以下三个选项,如图 8.10 所示:

图 8.10 "打印偏移"对话框

①X:指定打印原点在 x 方向的偏移值。

②Y:指定打印原点在 y 方向的偏移值。

居中打印:在图纸正中间打印图形(自动计算 x 和 y 的偏移值)。

8.2.8 预览打印效果

打印参数设置完成后,可通过打印预览观察图形的打印效果。如果不合适可重新调整,以免浪费图纸。

单击"打印"对话框下面的 预览(P)... 按钮,显示实际的打印效果。由于系统要重新生成图形,因此预览复杂图形需花费较多时间。预览时,鼠标光标变成" ",可以进行实时缩放操作。查看完毕后,按 Esc 或 Enter 键返回"打印"对话框。

8.2.9 保存打印设置

选择打印设备并设置打印参数后,可以将所有这些数据保存在页面设置中,以便以后使用。

"页面设置"分组框的"名称"下拉列表中显示了所有已命名的页面设置,如图 8.11 所示。若要保存当前页面设置就单击该列表右边的 添加()... 按钮,打开"添加页面设置"对话框,输入页面名称,存储页面设置。

图 8.11 "页面设置"对话框

也可以从其他图形中输入已定义的页面设置。在"名称"下拉列表中选取"输入"选项,打开"从文件选择页面设置"对话框,选择图形文件,从该文件中输入页面设置。

8.3　将多张图纸布置在一起打印

在实际工作中,为了节省图纸或者因为所绘制的图形比较复杂,常常需要将几个图样布置在一起打印,具体方法如下。

①选择"文件"→"新建"命令,建立一个新文件。

②"绘图"工具栏:插入块 按钮,打开"插入"对话框,如图 8.12 所示,再单击"浏览"按钮,打开"选择图形文件"对话框,通过此对话框找到要插入的图形文件。

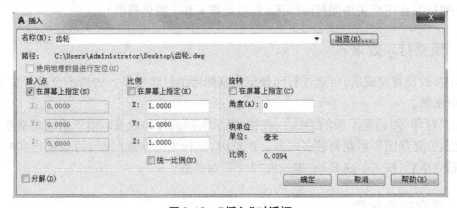

图 8.12　"插入"对话框

③图样文件插入之后,用"修改"工具栏的"缩放" 按钮对图形进行缩放,使比例等于打印比例。

④依照同样的方法插入其他需要打印的图样,再用"修改"工具栏的移动 按钮,调整所有图样的位置,让它们重新构成标准图纸幅面。

⑤用 1∶1 的比例打印新图纸。

8.4　在虚拟图纸上布图、标注尺寸及打印虚拟图纸

AutoCAD 2018 提供了两种图形环境:模型空间和图纸空间,可以分别从这两个空间输出图样。

8.4.1 从模型空间出图

模型空间提供设计模型的环境,是创建和编辑图形的工作空间。平时都在模型空间里完成绘图工作。在模型空间按 1∶1 比例绘图,插入并以打印比例的倒数为比例因子缩放图框,布置视图。标注注释性尺寸及文字,注释比例为打印比例。若不采用注释性对象,标注总体比例和文字的缩放比例应设置为打印比例的倒数。标注完成后,按比例打印图形。

8.4.2 从图纸空间出图

布局空间主要是为图形的打印输出做准备,它完全模拟图纸页面,用于在绘图前后安排图形的输出布局。进入图纸空间,插入所需图框。在虚拟图纸上创建视口,通过视口显示并布置视图。

设置并锁定各视口缩放比例,在视口中标注注释性尺寸及文字,注释比例为视口缩放比例。若是在图纸上标注尺寸,则标注总体比例为 1,文字高度等于打印在图纸上的实际高度。

从图纸空间按 1∶1 比例打印虚拟图纸。

8.5 由三维模型投影成二维工程图并输出

进入图纸空间,选取合适的图幅。启动"Viewbase"命令,该命令可将三维模型按指定的投影方向生成工程视图,该视图称为基础视图。缺省情况下,基础视图生成后,还可以继续创建其他视图,这些视图称为投影视图,是基础视图的子视图。子视图将继承基础视图的一些特性,如投影比例、显示样式及对齐方式等。

工程图是带有矩形边框的图形对象,边框不可见,图形对象可见,并被放置在预定义的图层上,如"可见"层、"隐藏"层等。这些对象构成一个整体,不可编辑。

在虚拟图纸上布置好工程图后,就可添加文字及标注尺寸了,其过程与在模型空间内的操作完全一样。但需注意以下几点:

①虚拟图纸的打印比例是 1∶1。

②"标注样式"选项中的各项参数值设置为真实图纸上的实际值,标注总体比例为 1。文字字高设定为实际字高。

③虽然设定了各视图的缩放比例,但标注值显示为模型空间的实际长度值。

在图纸空间中,右键单击"布局"按钮,选择"将布局输出到模型"选项,就可将工程图输出到新文件的模型空间中,这样视图就变为普通的二维图形了,可方便地用"编辑"命令修改。

附　录

附录1: 湖南省职业院校高职模具设计与制造专业
技能抽查考试试题库
（模块二　绘制工程图）

试题编号：T-2-41 绘制箱体零件工程图

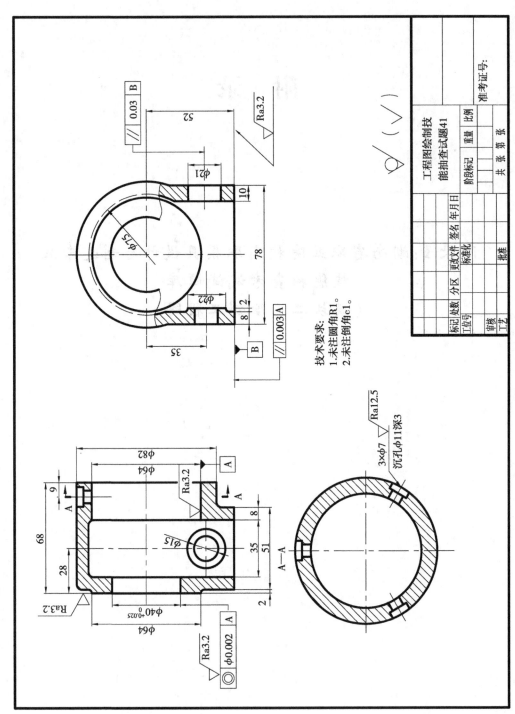

技术要求：
1.未注圆角R1。
2.未注倒角c1。

图附 1.1 箱体零件工程图

试题编号：T-2-42 绘制端盖零件工程图

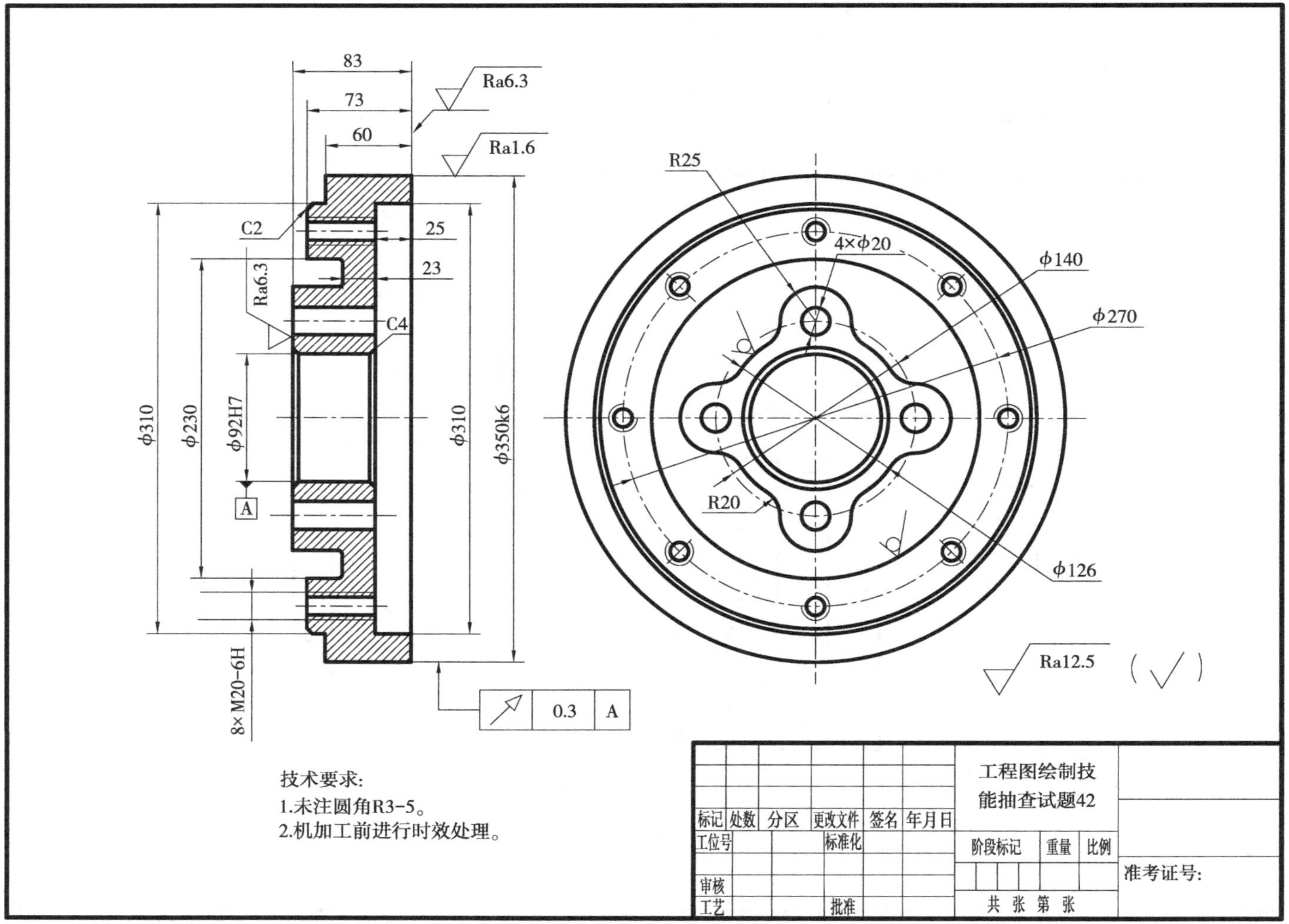

图附 1.2 端盖零件工程图

技术要求：
1. 未注圆角 R3~5。
2. 机加工前进行时效处理。

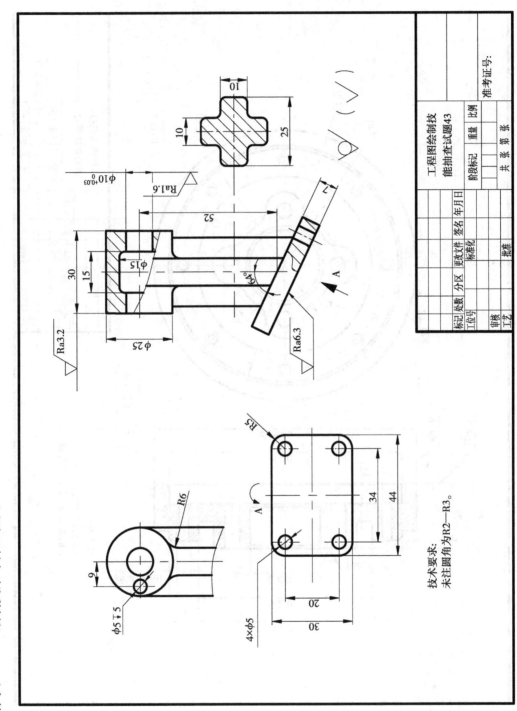

试题编号：T-2-43 绘制支架零件工程图

图附 1.3 支架零件工程图

试题编号：T-2-44 绘制轴零件工程图

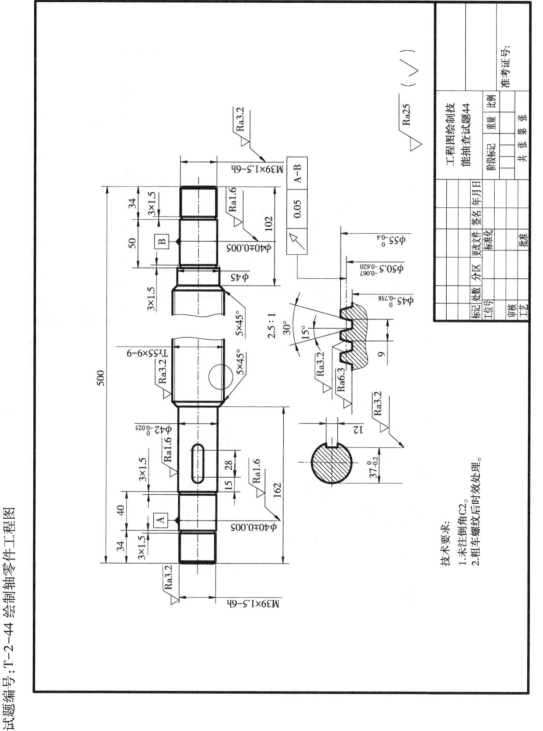

图附 1.4 轴零件工程图

试题编号:T-2-45 绘制端盖零件工程图

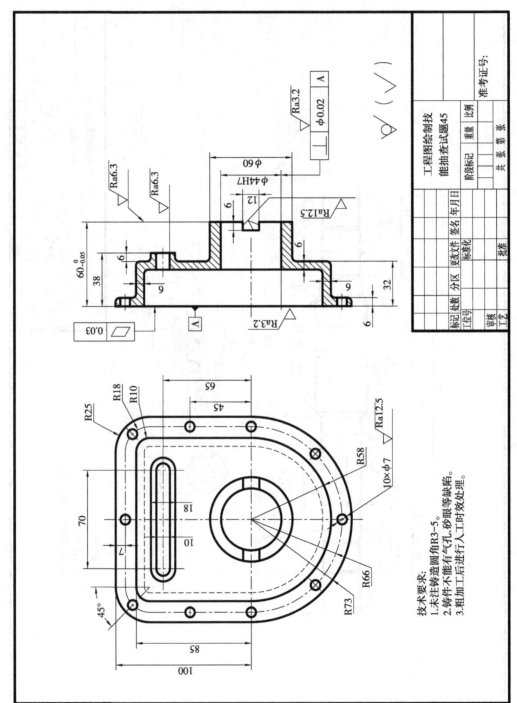

图附 1.5 端盖零件工程图

技术要求:
1.未注铸造圆角R3~5。
2.铸件不能有气孔、砂眼等缺陷。
3.粗加工后进行人工时效处理。

◇附　录◇

试题编号：T-2-46 绘制轴零件工程图

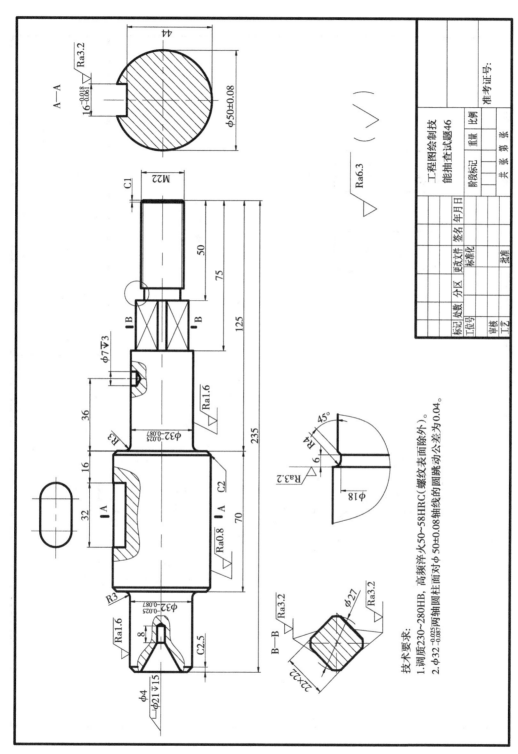

图附1.6　轴零件工程图

技术要求:
1.调质230~280HB，高频淬火50~58HRC(螺纹表面除外)。
2.φ32⁻⁰·⁰²⁵₋₀.₀₈₇两轴圆柱面对φ50±0.08轴线的圆跳动公差为0.04。

· 283 ·

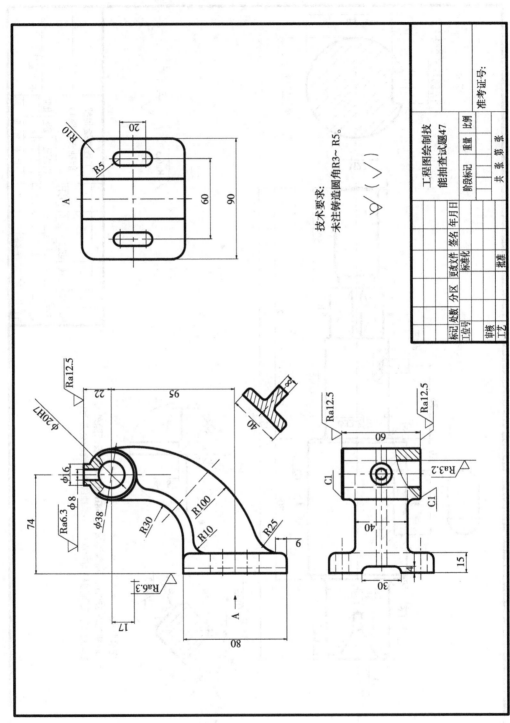

试题编号：T-2-47 绘制支架零件工程图

图附 1.7 支架零件工程图

试题编号：T-2-48 绘制夹具体零件工程图

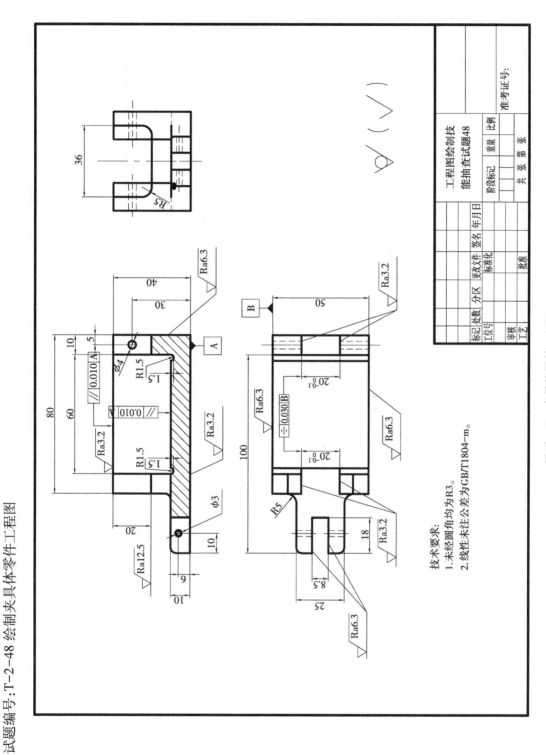

技术要求：
1. 未经圆角均为R3。
2. 线性未注公差为GB/T1804—m。

图附1. 8　夹具体零件工程图

试题编号:T-2-49 绘制支架零件工程图

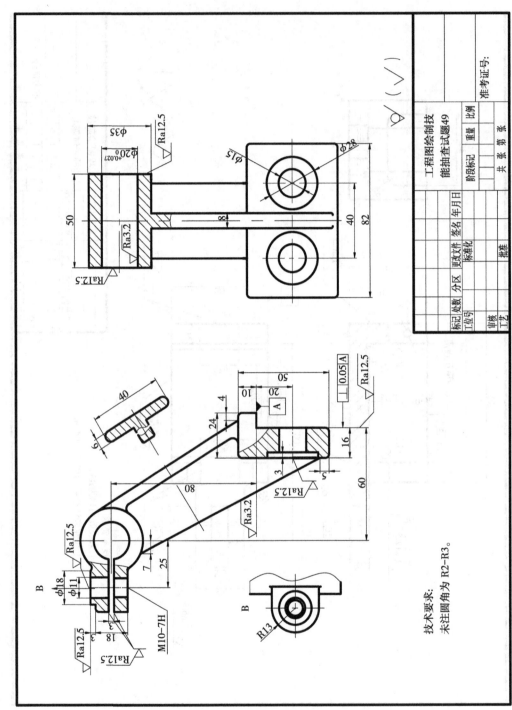

图附 1.9　支架零件工程图

试题编号：T-2-50 绘制支架零件工程图

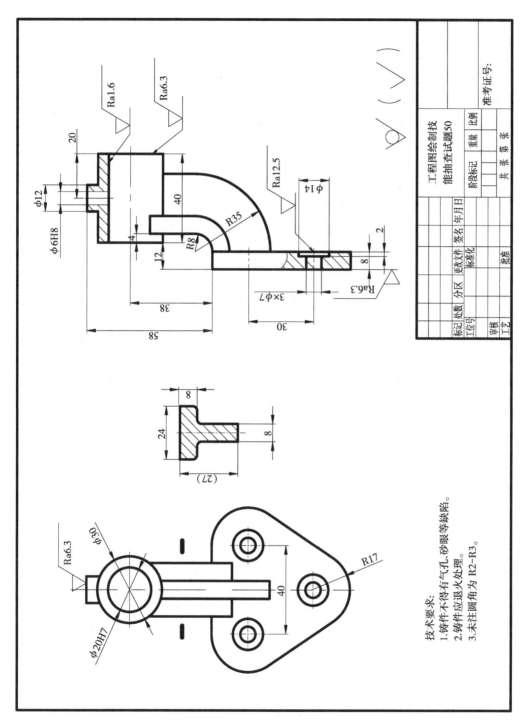

技术要求：
1. 铸件不得有气孔、砂眼等缺陷。
2. 铸件应退火处理。
3. 未注圆角为 R2–R3。

图附 1. 10　支架零件工程图

考试说明

（1）考试要求

①在 F 盘以准考证号为名建立文件夹，工程图文件名称为"GCT"，保存在考生文件夹中。

②选择合适的图框，绘图单位为 mm，设置绘图环境，使文字、箭头、线型显示合适。

③按样图尺寸用第一角投影法绘制零件工程图，零件结构表达清楚，布局合理美观。

④尺寸、公差、形位公差、表面粗糙度标注齐全、合理。

⑤在标题栏内填写上工位号、准考证号。

⑥学生必须携带身份证、学生证、准考证按时参加考试，迟到 30 分钟取消考试资格

⑦测试过程中不得使用移动硬盘、U 盘等存储工具。

⑧在操作过程中，要注意及时保存，防止断电。

⑨考试结束时，考生应立即停止操作，不得关闭电脑，离开考场。

（2）实施条件

项 目	基本实施条件	备 注
场地	机房	必备
设备	电脑	必备
工具	AutoCAD、Pro/ENGINEER Wildfile5.0、UG NX6.0、SolidWorks 软件	根据需求选用
测评专家	每 15 名考生配备一名考评员。考评员要求具备一年以上从事企业产品一线生产工作经验或三年以上 Pro/E、UG NX、SolidWorks、AutoCAD 课程教学及实训指导经历	必备

（3）考核时量

90 分钟

（4）评价标准

评价内容		配 分	考核内容及要求	评分细则
作品（80%）	识图及绘图	45	能读懂零件图、尺寸、公差、表面粗糙度及其他技术要求。工程图文件的命名与保存正确。绘图环境、线型设置正确，图形绘制正确，视图完整，布局合理	工程图文件的存储位置错误，此项不得分
				文件夹、工程图文件命名错误每处扣 1 分
				图框选用不正确扣 2 分
				绘图环境设置不正确，每项错误扣 1 分
				缺一个视图扣 6 分；布局不合理扣 2 分
				视图中零件特征每处错误扣 1 分
	尺寸标注	35	文字式样、标注样式设置正确，尺寸、公差、表面粗糙度及其他技术要求标注正确，图框选用及标题栏填写正确	尺寸缺少或错误每处扣 1 分
				尺寸公差、形位公差标注缺少或错误每处扣 1 分
				表面粗糙度每缺少或错误一个扣 1 分
				零件材料选择不合理扣 2 分
				标题栏填写不完整，每处错误扣 1 分
				技术要求不恰当每处扣 1 分

续表

评价内容	配 分	考核内容及要求	评分细则
职业素养与操作规范(20%)	2	正确着装,按指定机位就坐,做好工作前准备	衣冠不整扣1分;不按指定座位就座扣1分
	4	遵守考场纪律	迟到30分钟取消考核资格。不认真考核扣2分;破坏卫生扣1分;在考场吃食物扣1分
	4	爱惜工具、设备	破坏鼠、显示器、主机、软件等,扣2分。严重损坏工具、电脑,取消考生成绩
	6	遵守操作规程	违反安全,文明生产规程扣3分;软件操作错误扣2分。工具使用不规范计1次扣1分,累计超过三次及以上本项计0分;严重违规操作,取消考生成绩
	4	工具及工作台面等符合"6S"要求	考试桌面及地面不符合"6S"基本要求的扣2—4分

附录 2：全国计算机信息高新技术考试计算机辅助设计模块（AutoCAD 平台）题库

2.1　绘制如图附 2.1 所示的图形。

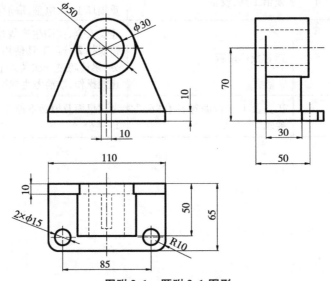

图附 2.1　题附 2.1 图形

2.2　绘制如图附 2.2 所示的图形。

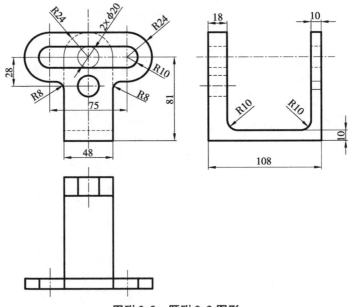

图附 2.2　题附 2.2 图形

2.3　绘制如图附2.3所示的图形。

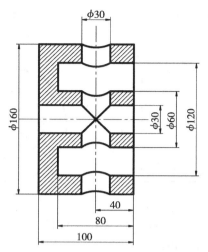

图附2.3　题附2.3图形

2.4　绘制如图附2.4所示的图形。

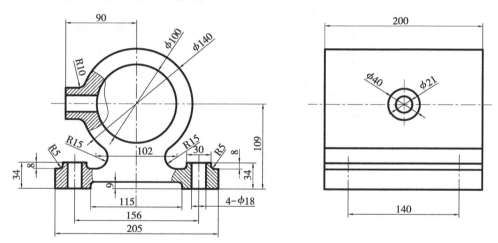

图附2.4　题附2.4图形

2.5　绘制如图附2.5所示的图形。

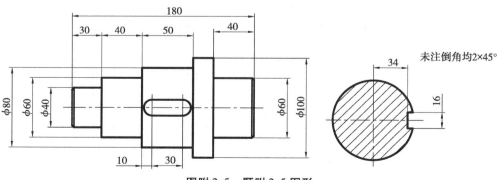

图附2.5　题附2.5图形

2.6 绘制如图附 2.6 所示的图形。

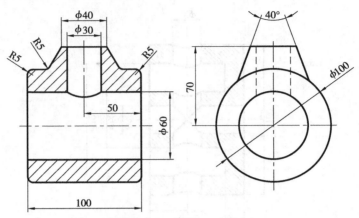

图附 2.6 题附 2.6 图形

2.7 绘制如图附 2.7 所示的图形。

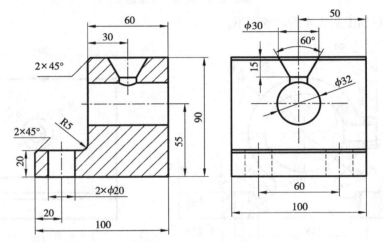

图附 2.7 题附 2.7 图形

2.8 绘制如图附 2.8 所示的图形。

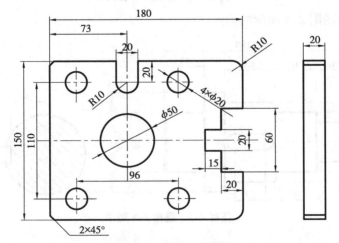

图附 2.8 题附 2.8 图形

2.9 绘制如图附2.9所示的图形。

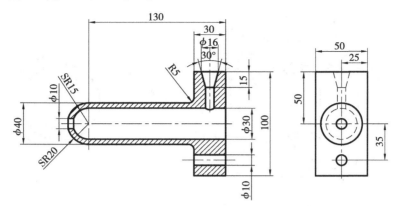

图附2.9 题附2.9图形

2.10 绘制如图附2.10所示的图形。

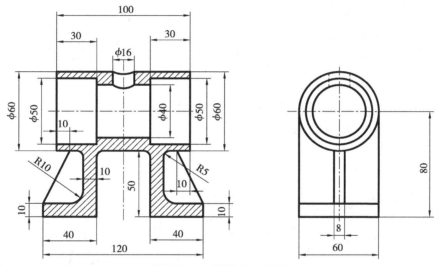

图附2.10 题附2.10图形

2.11 绘制如图附2.11所示的图形。

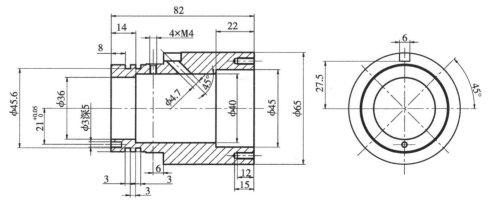

图附2.11 题附2.11图形

2.12 绘制如图附 2.12 所示的图形。

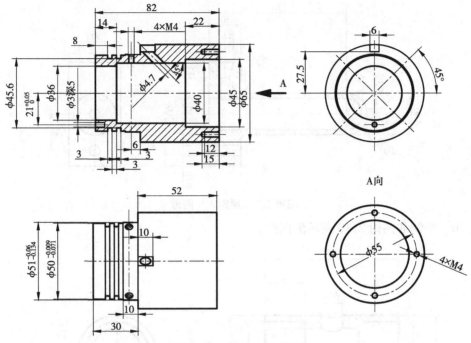

图附 2.12 题附 2.12 图形

2.13 绘制如图附 2.13 所示的图形。

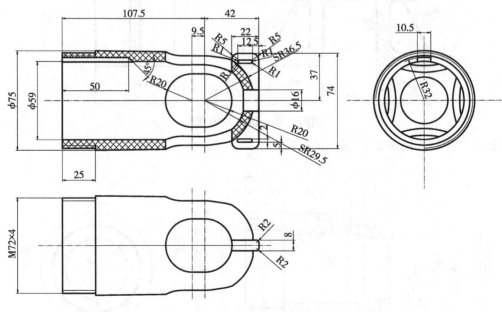

图附 2.13 题附 2.13 图形

2.14　绘制如图附2.14所示的图形。

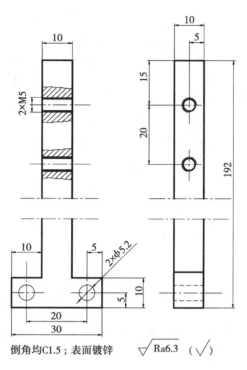

倒角均C1.5；表面镀锌　　$\sqrt{}$Ra6.3　（$\sqrt{}$）

图附2.14　题附2.14图形

2.15　绘制如图附2.15所示的图形。

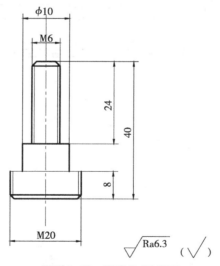

$\sqrt{}$Ra6.3　（$\sqrt{}$）

图附2.15　题附2.15图形

2.16 绘制如图附 2.16 所示的图形。

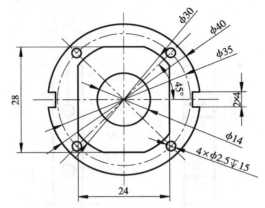

图附 2.16 题附 2.16 图形

2.17 绘制如图附 2.17 所示的图形。

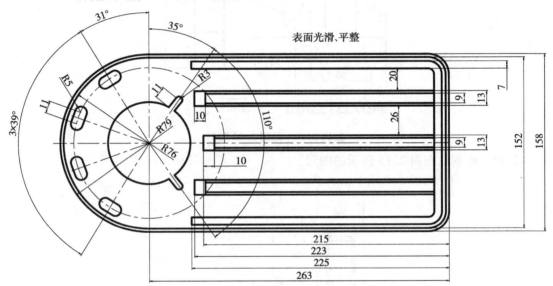

图附 2.17 题附 2.17 图形

2.18 绘制如图附 2.18 所示的图形。

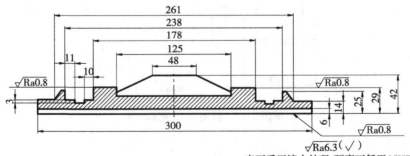

图附 2.18 题附 2.18 图形

2.19 绘制如图附 2.19 所示的图形。

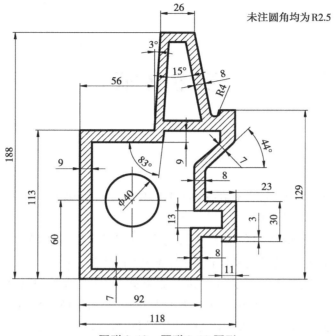

图附 2.19 题附 2.19 图形

2.20 绘制如图附 2.20 所示的图形。

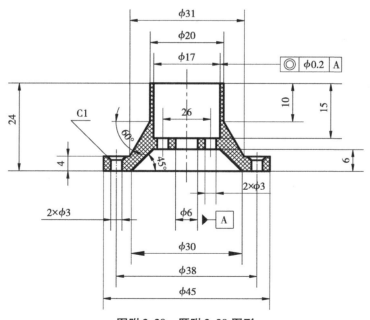

图附 2.20 题附 2.20 图形

参考文献

［1］姜勇,王辉辉,马国金.从零开始:AutoCAD 2010 中文版机械制图基础培训教程［M］.北京:人民邮电出版社,2011.

［2］姜勇.AutoCAD 机械制图习题精解［M］.北京:人民邮电出版社,2002.

［3］张秀玲等.模具设计与制造［M］.长沙:湖南大学出版社,2012.

［4］国家职业技能鉴定专家委员会计算机专业委员会.计算机辅助设计(AutoCAD 平台):AutoCAD 2007 试题汇编(绘图员级)［M］.北京:北京希望电子出版社,2011.

［5］曾令宜,华顺刚.AutoCAD 2008 中文版应用教程［M］.北京:电子工业出版社,2013.

［6］郑阿奇.AutoCAD 实用教程［M］.4 版.北京:电子工业出版社,2012.